Manu Wirtz

60 plus Hund

Manu Wirtz

60 plus Hund

Der geeignete Hund für die späten Jahre

Oertel+Spörer

Bildnachweis
Titelbild: Manu Wirtz
Innenteilbilder: animals-digital.de T. Brodmann S. 59, 64; Arco Images C. Hütter S. 83; Arco Images P. Wegner S. 94; Dr. Gabriele Lehari S. 13, 21, 25, 27, 28, 29, 30, 40, 41, 48, 55, 56, 61, 65, 68, 69, 70, 71, 72, 74, 76, 77, 78, 79, 80, 81, 82, 83, 85, 86, 88, 91, 92, 94, 95, 97, 99, 101, 103, 105, 107, 108, 110, 111, 113, 115, 120; Pamela Menzel S. 116, 118. Alle anderen Bilder von der Autorin.

Haftungsausschluss
Die Hinweise in diesem Buch wurden von der Autorin sorgfältig recherchiert und geprüft. Es können jedoch keinerlei Garantien übernommen werden. Eine Haftung der Autorin bzw. des Verlags und seiner Beauftragten für Personen-, Sach- und Vermögensschäden ist ausgeschlossen.

Bibliografische Information der Deutschen Nationalbibliothek
Die Deutsche Nationalbibliothek verzeichnet diese Publikation in der Deutschen Nationalbibliografie; detaillierte bibliografische Daten sind im Internet über http://dnb.d-nb.de abrufbar.

Postfach 16 42 · 72706 Reutlingen

Lektorat: Dr. Gabriele Lehari
DTP und Repro: Manuela Wirtz, www.manuwirtz.de
Druck und Bindung: Oertel+Spörer Druck und Medien-GmbH+Co., Riederich
Printed in Germany
ISBN 978-3-88627-861-9

Inhalt

Der geeignete Gesellschafter

Sie gehören zu den „Best Ager“ oder sind nicht weit davon entfernt? Die Kinder sind groß und jetzt ist das Haus leer geworden? Vielleicht sind Sie auch in Altersteilzeit oder schon in Rente und haben nun viel Zeit? Die Gelegenheit ist günstig. Der lang gehegte Wunsch nach einem Hund kann endlich erfüllt werden. Machen Sie es jetzt!

Oder Sie haben Ihr Leben lang Hunde um sich gehabt und vor Kurzem Ihren vierbeinigen Freund verloren und stellen sich jetzt zweifelnd die Frage: „Soll ich mir in meinem Alter wirklich noch einen Hund anschaffen? Ich könnte ja krank und pflegebedürftig werden oder ins Altenheim kommen. Wer kümmert sich dann um meinen Hund?“ Auch für diese Fälle gibt es Lösungen, die in diesem Buch vorgestellt werden.

Sie sollten keine Angst an das Lebensalter verschwenden – das Tier altert ja mit. Stellen Sie sich stattdessen die viele Freude und Liebe vor, die Ihnen in den kommenden zehn bis fünfzehn, manchmal mehr Jahren geschenkt wird. Und denken Sie daran, um wie viel besser es Ihnen mit Ihrem Vierbeiner geht. Hunde können für ältere Personen wahre Jungbrunnen sein.

Die Menschen werden heute älter als früher und bleiben dank der guten medizinischen Versorgung länger fit und beweglich. Mit der Gesellschaft eines Tieres bleibt auch der älter werdende Besitzer länger aktiv. Die Notwendigkeit, mit dem Hund Gassi zu gehen, scheucht seinen Hundeführer von der bequemen Couch und bringt Bewegung und Abwechslung in die tägliche Routine. Das schafft Stabilität und Struktur in einen vielleicht sonst langweiligen Tagesablauf. Man hat plötzlich etwas zu tun – und das nicht zu wenig.

Der Hund muss gefüttert werden, je nach Haarkleid auch regelmäßig gekämmt. Man muss mit ihm spazieren gehen, zum Tierarzt oder Hundefriseur. Auch der Besuch einer Hundegruppe bringt viel

Die besten Freundinnen.

Abwechslung und Unterhaltung in die Woche.

Das beeinflusst auch das emotionale Gleichgewicht positiv. Ein Mensch mit Hund ist ungleich interessierter an seiner Umwelt als einer ohne Hund. Er ist unternehmungslustiger und knüpft leichter Kontakte zu anderen Personen. Es ist so viel einfacher mit bzw. über einen Hund ins Gespräch zu kommen als ohne.

Gegen die Einsamkeit

Die Zahl der Single-Haushalte hat in den letzten Jahren kontinuierlich zugenommen. Nicht nur der Tod, auch steigende Scheidungszahlen lassen viele Menschen im Alter allein leben. Tiere vermitteln das Bewusstsein, noch gebraucht zu werden. Sie steigern damit das Selbstwertgefühl ihres Halters. Schon die bloße Anwesenheit eines Tieres wirkt ausgleichend auf das seelische Gleichgewicht. Oft genug ersetzen Hunde in einem Single-Haushalt den Gesprächspartner. Ein Hund füllt die emotionale Lücke, die ein menschlicher Partner hinterlassen hat. Er freut sich ganz einfach, wenn Sie sich mit ihm unterhalten.

Einem alleinstehenden Menschen fällt es viel einfacher, zu einem Hund eine Beziehung zu haben. Er muss weniger Rücksicht auf das „Ego“ des anderen nehmen, sprich auf die Einstellungen, Launen, Egoismen oder eingefahrenen Gewohnheiten. Mit einem

Hund gestaltet sich das Zusammenleben viel freier, spontaner und unkomplizierter.

Ein Hund ist der ideale Gesprächspartner, weil er immer zuhört. Man kann ihm alles erzählen: seinen großen Ärger mit Handwerkern genauso wie den neuesten Nachbarschaftsklatsch oder den Aufreger aus den Fernsehnachrichten.

Gemeinsam noch viel erleben.

Ein Haustier hilft, einen Menschen im Leben stärker zu verankern. Das Bewusstsein, dass sein Hund ihn sehr vermissen würde, stärkt den Willen, länger mobil und am Leben zu bleiben. Das Schwanzwedeln, wenn Sie nach Hause kommen, oder der Nasenstüber, um Sie an das versprochene Leckerli zu erinnern, sind deutliche Zeichen der Zuneigung.

„Der Hund braucht mich doch."

Und es ist ein gutes Gefühl, gebraucht zu werden!

Die gesundheitlich positiven Effekte der Hundehaltung im Alter

Die Gesellschaft eines Hundes hat einen ganzheitlichen positiven Einfluss auf den Menschen. Sie wirkt auf Körper und Geist gleichermaßen. Neben den physischen und psychischen Aspekten werden auch mentale und soziale Bedürfnisse des Menschen gefördert.

Aber gehen wir der Reihe nach: Der ältere Mensch mit Hund ist nachweislich gesünder und fitter als einer ohne Hund. Die Nähe des Tieres hat einen stabilisierenden Einfluss auf unseren

Kreislauf. Die Atemfrequenz wird niedriger und der Blutdruck gesenkt. Gleichzeitig wird die Atmung tiefer und die Muskulatur entspannter. Zudem sorgt der Hund für unsere Bewegung, er braucht schließlich seine regelmäßigen Gassigänge – und das bei jedem Wetter. So wird der Halter mit der Zeit auch abgehärtet und ist weniger anfällig für Infekte. Dabei werden die motorischen Funktionen, die Koordination und Kraft des Halters ebenfalls trainiert.

Bei so vielen Aktivitäten wird auch die Wahrnehmung von Schmerzen verringert und mittelbar dadurch die Einnahme von Schmerzmitteln reduziert. Die Gemeinschaft mit einem Vierbeiner strukturiert den Alltag, der Mensch muss aufstehen und sich um das Tier kümmern. Mit einem Hund hat man so viele Aufgaben, dass keine Zeit für Selbstmitleid bleibt.

Für viele Wehwehchen im Alter gibt es Medikamente, aber keines gegen die Langeweile oder Einsamkeit. Dabei ist allgemein bekannt, dass ein krankes Gemüt auch den Körper krank macht. Die Hundehaltung bietet hier eine psychische Förderung durch Nähe, die ein Gefühl der Geborgenheit vermittelt. Vertrauen und Trost, Entspannung und Stressreduzierung sind weitere förderliche Aspekte für das Gemüt. Ein Hund hilft gegen Einsamkeits- und Isolationsgefühle, er kann dem Leben wieder einen Sinn geben und Emotionen zulassen. Allein Liebe geben und erhalten zu können, ist ein ungeheuer großer Anschub zu mehr Lebensfreude. Haustiere können ihre Vitalität auf den Menschen übertragen.

Auch mental beeinflusst die Gemeinschaft mit einem Hund seinen Halter positiv. Die Sinneswahrnehmungen durch Sehen, Hören und Berühren werden ebenso gefördert wie Aufmerksamkeit, Kommunikation und Erinnerungsvermögen. Das Reaktionsvermögen wird verbessert und die Wahrnehmung geschärft.

Das soziale Leben des älter werdenden Menschen hat in den meisten Fällen ein negatives Merkmal: die immer weniger werdende Zahl an anderen Menschen, mit denen man in Kontakt ist. Fallen auch noch enge Familien- oder Freundesbande weg, ist der Weg in die Einsamkeit schnell vorprogrammiert. Die eigene

Menschen und Hunde sind soziale Lebewesen.

Stimme klingt plötzlich kratzig, weil man den ganzen Tag noch kein Wort gesprochen hat. Und auch sonst hat man sich viele Egoismen angewöhnt und wird von den Nachbarn plötzlich als „schrullig“ bezeichnet.

Die emotionale Lücke, die durch mangelnde soziale Kontakte entsteht, kann durch einen Hund gefüllt werden. Ein Hund ist hier Kommunikationspartner und -objekt zugleich. Man kann mit ihm und über ihn mit anderen Menschen sprechen. So fördert die Hundehaltung die sozial-emotionale Interaktion. Das Tier bietet positive Beschäftigung, aber vor allem das Gefühl, geliebt zu werden.

Mehr Pro als Kontra

Wie Sie bis hierhin schon gelesen haben, gibt es sehr viel mehr Argumente für als gegen die Anschaffung eines Hundes. Häufig ist es doch so, dass Einwände von anderen kommen wie aus der Familie, von Freunden oder Nachbarn. Dahinter steckt nicht selten die Sorge, für den Hund verantwortlich sein zu müssen, wenn Ihnen etwas passiert und Sie nicht mehr in der Lage sind, für den Hund zu sorgen.

Natürlich sollte man nicht alle Einwände sorglos wegwischen. Aber es gibt Auswege für den jeweiligen Einsatzfall, wie sie hier im Buch beschrieben werden. Es ist heute viel einfacher geworden, auf alle möglichen Eventualitäten die passende Lösung vorzubereiten. Das Wichtigste aber ist: Das Zusammenleben mit einem Hund tut Ihnen gut und dem Tier auch.

Ob Sie sich für einen Welpen oder einen erwachsenen Hund aus dem Tierheim entscheiden, das richtet sich nach Ihrer Erfahrung mit Hunden. Über das Für und Wider bei Welpen oder Tierheimhund wird ein paar Seiten weiter berichtet. Hier können nur Entscheidungshilfen gegeben werden. Letztendlich entscheiden ja Sie. In diesem Sinne ist auch die Auflistung der Hunderassen gedacht, die Sie im hinteren Teil des Buchs finden werden. Es stehen klar die kleinen Hunderassen im Fokus. Mit ihnen gestalten sich für den älter werdenden Menschen der Umgang und das Zusammenleben nun mal einfacher.

Auch für Ihre Lebenssituation gibt es den passenden Vierbeiner. Sofern nicht gesundheitliche oder andere wichtige Gründe gegen eine Hundehaltung sprechen, sollten Sie sich den Wunsch erfüllen. Ein vierbeiniger Freund bringt Schwung und Freude ins Leben.

Ich wünsche Ihnen und Ihrem Vierbeiner ein vergnügliches und harmonisches Zusammenleben und noch viele gemeinsame Jahre.

Wiesbaum, Sommer 2014
Manu Wirtz

Passt der Hund zu meinem Leben?

Eigentlich ist es egal, ob Sie Hundeanfänger sind oder früher schon Hunde gehabt haben. Für einen Hund für die nächsten Jahre sollten Sie Ihre gesamte Lebenssituation betrachten und sich dieselben Gedanken machen wie ein Ersthundehalter.

„Habe ich ausreichend Zeit für den Hund? Passt der Hund zu meinen Hobbys, Gewohnheiten und zu meinem Leben?“

STELLEN SIE SICH KURZ DIE NACHFOLGENDEN FRAGEN:

- *Hatten Sie schon mal einen Hund?*
- *Haben Sie Kontakt zu einer Hundeschule, einem Verein oder anderen Hundehaltern aufgenommen?*
- *Wie wollen Sie den Hund erziehen?*
- *Was müssen Sie tun, um Aggressionen oder Angst des Hundes vorzubeugen?*
- *Haben Sie ein Hobby, das sich mit einem Hund vereinbaren lässt?*
- *Warum wollen Sie sich einen Hund anschaffen?*
- *Wie stehen Sie zu dreckigen Pfotenabdrücken auf Ihrem hellen Teppich oder Schlammspritzern auf der Tapete, wenn sich der nasse Hund mal schüttelt?*
- *Passen Ihre Arbeitszeiten, Hobbyzeiten, Unternehmungen zu einem Hund?*
- *Wissen Sie, wie viel Kosten auf Sie zu kommen?*
- *Sind Sie wirklich sicher, dass Sie einen Hund wollen?*

Die ehrliche und kritische Auseinandersetzung mit den Fragen macht es für Sie einfacher, eine klare Entscheidung zu treffen und möglichen Enttäuschungen vorzubeugen. Es hilft niemandem – dem Hund am allerwenigsten –, wenn man im Überschwang der Gefühle einen Hund anschafft und dann erst feststellt, dass man sich nicht richtig um ihn kümmern kann.

Zwei haben sich gesucht und gefunden.

Welche Hobbys und Gewohnheiten habe ich?

Hunde sind treue Alltagsbegleiter, Seelentröster, Fitness-Trainer und Spielgefährten. Aber nicht jede Hunderasse und -größe ist für ein Leben mit Ihnen und Ihren Bedürfnissen geeignet. Hier gilt es auszuwählen, welcher Typ Hund am besten zu Ihnen passt.

Sind Sie ein geselliger Mensch, der gern Freunde besucht oder Besuche zu Hause empfängt? Dann brauchen Sie einen menschenfreundlichen Hund, der Ihre Freunde nicht bedrängt oder anbellt. Ein zurückhaltender Charakter ist vielleicht sogar vorzuziehen vor einem Hund, der freudig jeden anspringt und ständig um Aufmerksamkeit bettelt. Nicht jeder Besucher mag Belästigungen und es gibt immer noch sehr viele Menschen, die Angst vor Hunden haben, auch vor den kleinen. Hier helfen vor allem Rücksichtnahme und gute Erziehung des Hundes.

Sind Sie ein sehr sportlicher Mensch, der gern Nordic Walking macht und ausgiebige Fahrradtouren unternimmt? Dann wäre ein Couch-Potato wie ein Mops oder Basset in Ihrer Gesellschaft völlig überfordert. Ihm reicht vielleicht ein gemütliches Flanieren im Stadtpark oder Wald, um seinen Bewegungsdrang zu befriedigen. Einem quirligen Beagle oder Foxterrier würden Sie dagegen mit langen Wanderungen eine Riesenfreude bereiten.

Ob Nordic Walking oder geruhsames Flanieren – der Hund macht alles mit.

Gehen Sie gern aus zum Essen, ins Kino oder in die Oper? Ein Hund ist noch lange kein Hinderungsgrund, auf kulturelle Events zu verzichten. Er kann lernen, über einen längeren Zeitraum allein zu bleiben. Das gilt auch für Einladungen, die nicht automatisch Ihren Hund mit einschließen. Es wäre ein Fehler darauf zu bestehen, dass der Hund mitkommen darf. Es gibt viele Gründe für andere Menschen, Hunden reserviert gegenüberzustehen, wie zum Beispiel eine Allergie.

Eine Frage der Organisation

Die Fragestellung, die hier behandelt wird, betrifft immer noch die individuellen Bedürfnisse und wie ein Hund dazu passt. Ein neuer Hund sollte nicht dazu führen, zukünftig auf Hobbys, Reisen oder Ausgehen verzichten zu müssen. Ein gut erzogener Hund, der sich anderen Menschen gegenüber ruhig und freundlich benimmt, ist fast immer gern gesehen und kann problemlos mitgenommen werden.

ALLEINSEIN ÜBEN

Ein kleines Training hilft, Ihren Hund an immer längere Zeiten des Alleinseins zu gewöhnen. Beginnen Sie mit wenigen Minuten und dehnen Sie die Zeit immer weiter bis zu mehrere Stunden aus. Vermeiden Sie emotionale Abschiedsszenen und gehen Sie einfach aus der Tür, als ob es das Natürlichste von der Welt wäre.

Schon bald erkennt Ihr Hund die Rituale der Vorbereitung zum Aufbruch. Sieht er, dass Sie ohne seine Leine Anstalten machen, das Haus zu verlassen, wird er das mit der Zeit ohne Jammern akzeptieren und sich in sein Körbchen trollen. Er freut sich stattdessen auf Ihr Wiedersehen und vielleicht ein Leckerli.

Sollte das mal nicht möglich sein, ist es sinnvoll, Ihren Hund schon frühzeitig an die zeitweilige Betreuung durch hundefreundliche Bekannte oder Hundesitter zu gewöhnen. Das wäre auch gut für den Notfall zum Beispiel bei einer plötzlichen Erkrankung.

Ersatzweise kann auch ein Hundesitter Ihren Hund abholen.

Bauen Sie sich ein Netzwerk auf, das einspringen kann, wenn Sie sich einmal nicht um den Hund kümmern können. Legen Sie sich eine Liste an mit Namen und Telefonnummern von hilfreichen Hundefreunden aus Ihrem Umfeld, professionellen Hundesittern, Hundepensionen und Tierschutzvereinen. Einen professionellen Dienst in Anspruch zu nehmen hat den Vorteil, seinen Hund bestens versorgt zu wissen und nicht um Hilfe betteln zu müssen. Das sichert ein Stück weit Unabhängigkeit.

Der passende Hund für die späten Jahre

Es ist sinnvoll, sich bei der Auswahl des passenden Hundes von zukünftigen Gegebenheiten leiten zu lassen. Oder stellen Sie sich einfach die Frage: „Welcher Hund passt noch in fünfzehn Jahren zu mir?“ Hier sind Sie gut beraten, wenn Sie sich im Vorfeld informieren und überlegen, mit welchem Hund Sie künftig Ihr Leben teilen möchten. Schließlich muss der Hund auch dann noch rassegerecht gehalten und versorgt werden, wenn Körperkraft und Fitness allmählich nachlassen. Die Bedürfnisse eines Hundes an Erziehung, Bewegung und Beschäftigung können einen älteren Menschen zudem überfordern.

Der ideale Hund für die Zukunft ist ein Vertreter der kleineren Rassen. Wer für die späteren Lebensjahre auf der Suche nach einem Hund ist, findet unter den Kleinhunden liebevolle Weggefährten und unterhaltsame Gesellschafter. „Das sind doch keine richtigen Hunde“ ist immer noch ein weit verbreitetes Vorurteil. Aber die Zwerge brauchen genauso viel Zuwendung, Pflege und Erziehung wie die Großen. Und gegenüber diesen weisen Kleinhunde etliche Vorteile auf, nicht zuletzt die geringeren Kosten im Futterbedarf oder beim Tierarzt. Mit einem kleinen Hund sind Sie auch mobiler bei Reisen oder Ausflügen, denn kleine Hunde sind leichter zu transportieren, ob in öffentlichen Verkehrsmitteln oder im Flugzeug. Man nimmt sie auf den Arm, setzt sie auf den Schoß oder trägt sie in einer Hundebox. Schon aus diesem Aspekt heraus sollte das Maximalgewicht eines Hundes nicht mehr als fünf bis sieben Kilogramm betragen.

Kleinhunderassen haben einen geringeren Bewegungsbedarf und können problemlos selbst in einer kleinen Stadtwohnung gehalten werden. Das macht das Leben mit der Nachbarschaft einfacher, die möglicherweise Vorbehalte gegen einen größeren Hund hätte. Eine Genehmigung vom Vermieter für einen kleinen Hund ist auch leichter zu bekommen als für einen großen. Dafür spricht

Aktiv sportlich oder Couchpotato – der Hund sollte zu Ihnen passen.

ja auch das Urteil vom Bundesgerichtshof vom 20.3.2013, AZ. VIII ZR 168/12, nachdem ein generelles Verbot der Hundehaltung durch eine „starre Klausel in einem formularmäßigen Mietvertrag unzulässig“ ist, weil eine solche Regelung „den Mieter unangemessen benachteilige und daher unwirksam sei“. Die Klarstellung durch dieses Grundsatzurteil hat für Hundebesitzer vieles erleichtert.

„Was für einen Hund will ich mir holen?“, lautet nun sicher Ihre nächste Frage. Die Auswahl des Hundes hängt von Ihren Vorstellungen ab und den Vorgaben Ihrer Lebenssituation. Charakter und Temperament des Vierbeiners sollten sich nach Ihnen richten. Im hinteren Teil dieses Buches ist eine Auswahl von Hunderassen mit unterschiedlichem Wesen und Aussehen aufgelistet, die sich auch gut für ältere Menschen eignen. Egal ob kurz- oder langhaarig, anhänglich und verschmust oder aktiv und temperamentvoll – für die verschiedensten Wünsche und Lebenssituationen gibt es den passenden vierbeinigen Partner.

Zurück in die Zukunft

Die Entscheidung für einen Hund ist nun gefallen und Sie freuen sich schon auf die neue Gesellschaft im Haus. Sicherlich haben Sie ja schon ein paar Vorstellungen oder bestimmte Vorlieben bei den Rassen. An diesem Punkt machen aber viele den Fehler, dass sie von ihrer heutigen Situation und körperlichen Verfassung ausgehen.

Werfen Sie in diesem Moment einmal einen Blick in die Zukunft. Denken Sie an den Zeitpunkt, an dem Sie und der Hund älter geworden sind. Wie sehen Sie sich zum Beispiel in fünfzehn Jahren? So alt könnte Ihr Hund werden. Wie wird es dann Ihren Gelenken oder Ihrem Blutdruck gehen? Machen Ihre Knie oder Hüften noch kilometerlange Spaziergänge im Wald mit? Wie viel Kraft und Beweglichkeit ist Ihnen in der Zukunft noch zu eigen?

Lebensfreude pur – auch für Sie!

Auf den Typ kommt es an

Jetzt stellt sich die Frage, welcher Hund es denn werden soll und wo Sie nach ihm suchen? Wie geht man am besten vor, um den idealen Hund für sich zu finden?

Zunächst sollte abgewogen werden, welcher Hundetyp am geeignetsten für Ihren Lebensstil ist. Seien Sie in diesem Punkt wirklich ehrlich zu sich selbst. Fragen Sie sich, ob Sie zum Beispiel einem großen, lauffreudigen Hund, wie Sie ihn vielleicht früher hatten, heute oder in fünfzehn Jahren noch gerecht werden können. Hier sind die Faktoren Größe, Alter und Rasse vorrangig vor Aussehen oder Vorlieben. Die richtige Entscheidung bestimmt über viele Jahre hinweg Ihr gemeinsames Lebensglück.

Ein unüberlegter Spontankauf kann daher leicht zu einem Problem für beide werden. Viele Rassen sind für einen bestimmten Arbeitsauftrag gezüchtet worden wie zum Beispiel für die Jagd, für den Schutz oder zum Hüten. Diese rassespezifischen Merkmale sind Bestandteil des individuellen Charakters. Es kann also nicht verkehrt sein, sich über die entsprechende Rasse vorher genau zu

Wäre dieses Temperamentsbündel der richtige Hund für Sie?

informieren. Sonst wundern Sie sich womöglich, dass Ihr familienfreundlicher Beagle beim Spaziergang im Feld plötzlich ausbüxt und die nächsten drei Stunden nicht mehr gesehen wird, weil er einen Hasen verfolgt.

Auch Mitleid ist ein ganz schlechter Ratgeber beim Hundekauf. Unser Herz ist schnell gerührt vom plüschigen Fell und den tapsigen Pfoten von Welpen, die in einem Zoogeschäft oder auf dem Markt angeboten werden, oder von einer erbarmungswürdigen Gestalt, die zurückgezogen in der Ecke eines Hundezwingers im Tierheim sitzt. Auch wenn es jetzt brutal klingt, lassen Sie sich von Mitleid nicht Ihre Kaufentscheidung diktieren. Holen Sie sich nicht zusätzliche Krankheiten und Gebrechen ins Haus. Sie werden mit Ihren Zipperlein in den nächsten Jahren selbst genug Kummer haben.

Machen Sie es sich nicht zu schwer. Das ist jetzt wörtlich gemeint. Ein Hund, den Sie heute noch leicht hochheben und auf dem Arm halten können, den können Sie in zehn oder fünfzehn Jahren vielleicht nicht mehr die Treppe hinauftragen. Das wäre ein trauriges Ende Ihrer Gemeinschaft, wenn man sich nach Jahren trennen müsste, weil einem die Kraft fehlt, den Hund zu führen.

Wie Sie sehen, gibt es gute Gründe, sich einen kleinen Hund auszusuchen. Wie schon zuvor beschrieben richten Sie Ihren Blick dabei in die Zukunft und gehen nicht von Ihrer momentanen gesundheitlichen Verfassung aus.

Machen Sie es sich nicht zu schwer.

Der Hund altert mit

Auch der Hund altert mit, das ist die gute Nachricht. Aber er ist nicht mehr gut zu Fuß bzw. Pfote und kann vielleicht keine Treppen mehr steigen. Vielleicht hat er auch dank Leckerlis ein wenig zu viel Gewicht auf den Rippen. Haben Sie später noch die Kraft, mehrmals täglich einen vielleicht 20 Kilogramm schweren Hund die Treppe hinaufzutragen?

Auch ein temperamentvoller, großer Hund, den Sie heute noch mit leichter Hand an der Leine halten, reißt Sie dann möglicherweise von den Füßen, wenn Ihre Beine an Kraft oder die Hüften an Stabilität verlieren. Hier drohen ernsthafte Verletzungen.

Große, kräftige Vierbeiner, vor allem, wenn sie noch erzogen werden müssen, sind für Senioren daher ebenso wenig geeignet wie besonders sportliche und arbeitsfreudige Hunde, außer der Hundehalter selbst ist auch in späten Jahren noch sehr sportlich.

Wie viel Bewegung bekommt der Hund mit mir?

Zwei bis drei Stunden Gassigehen jeden Tag sind heute noch leicht zu schaffen. Auch der noch junge Hund freut sich über den großen Auslauf. Ihm kann es gar nicht lange genug sein. Es gibt ja unterwegs so viel zu schnüffeln, rumzutollen und zu laufen.

Aber auch der Vierbeiner wird älter und gemütlicher. Plagen uns mit den Jahren vielleicht Wehwehchen, die das Laufen erschweren, ist der Hund ebenfalls nicht mehr gut zu Pfote unterwegs. Anstelle vom strammen Nordic Walking ist ihm nun ein gemächliches Flanieren oder ein Parkbank-Hopping mit etlichen Pausen lieber.

Ältere Hunde sollten genau beobachtet werden, um festzustellen, was ihnen guttut oder was zu viel für sie ist. Ein Vierbeiner, der in jungen Jahren begeistert Hundesport betrieben hat, muss im Alter nicht darauf verzichten. Er kann es ja langsamer angehen, zum Beispiel lieber über Hürden gehen anstatt zu springen.

Beide sind in Ehren grau geworden.

Jetzt mal Pause, Frauchen!

Generell brauchen kleinere Hunde weniger Auslauf als große. Dennoch sind drei Gassi-Touren am Tag regelmäßig einzuplanen. Der Rhythmus spielt sich mit der Zeit ein und der Hund wird sich da ganz nach Ihnen richten.

Ein Welpe oder lieber ein „Gebrauchter"

Die Entscheidung, in welchem Alter der Hund ist, den Sie haben möchten, hängt in erster Linie von Ihrem Erfahrungsstand ab. Wenn Sie schon Ihr Leben lang Hunde von klein auf hatten, macht Ihnen die Erziehung eines Welpen sogar Spaß. Sie brauchen Geduld, Konsequenz und ein konkretes Wissen über die Hundeerziehung. Der Besuch einer guten Hundeschule mit Welpenspielgruppen ist auch ein großer Vorteil, weil er Kreativität und Abwechslung in den Alltag bringt. Außerdem hilft Ihnen der Erfahrungsaustausch mit anderen Hundebesitzern enorm bei der Erziehung.

Welpen sind bezaubernd und sie heranwachsen zu sehen, bringt Lebensfreude und Lachen in unseren Tag – aber auch jede Menge Problempotenzial. Für die Welpenerziehung braucht man einen belastbaren Rücken und flinke Beine. Ständig muss man sich bücken, um ein Häufchen wegzuwischen oder seine Pantoffeln vor den spitzen Zähnchen zu retten. Auch muss der Welpe noch anfangs viel getragen werden, zum Beispiel auf Treppen oder zum Auto. Über eine gewisse Beweglichkeit und auch eine große Portion Toleranz sollten Sie bei einem jungen Hund also noch verfügen.

„Aus, sage ich! Lass meinen Schlappen in Ruhe.“ Nach meiner eigenen Erfahrung gehen pro Welpe zwei Paar Schuhe und ein Polstermöbel (darunter zählen auch Autositze) drauf – es muss aber nicht immer so sein. Belohnt wird man in den nächsten Monaten dagegen mit drolligen Streichen und Frontalangriffen auf die Lachmuskeln. Die Lebensfreude eines kleinen Hundes wirkt ansteckend und ist wie ein Jungbrunnen für das eigene Gemüt. Wer als Besitzer mit diesem überschwänglichen Verhalten zurechtkommt, hat eine fröhliche Zeit vor sich.

Dieser kleine Pinscher wird auch ausgewachsen eine handliche Größe behalten.

Hunde-Neulinge dürften dagegen schnell mit einem wieselflinken Wollknäuel, das nur Unsinn im Kopf hat, überfordert sein. Für sie ist ein erwachsener Hund besser geeignet. Der Vorteil eines erwachsenen Hundes ist auf den ersten Blick sichtbar: Größe und Gewicht. Diese beiden Faktoren werden sich nicht mehr ändern, zumindest die Größe nicht.

Aber erwachsene Hunde haben eine Vorgeschichte. Sie sind kein unbeschriebenes Blatt mehr. In unseren Tierheimen landen immer mehr Hunde, die aus Ost- oder Südeuropa kommen. Rechnen Sie damit, dass diese Hunde vielleicht schreckliche Erfahrungen in ihrem Leben gemacht hatten und entsprechende Traumata mit sich herumschleppen.

Je mehr Sie über die Vorgeschichte des Hundes erfahren, umso besser können Sie sich ein Bild machen. Sprechen Sie mit dem Vorbesitzer oder der Leitung des Tierheims und versuchen Sie,

Treu blickende Augen dürfen nicht allein die Auswahl bestimmen.

so viele Informationen wie möglich zu erhalten über den Erziehungsstand oder die Ausbildung, über Marotten oder vielleicht Krankheiten.

Für den erwachsenen Hund spricht, dass er im Allgemeinen stubenrein ist und auch mal allein gelassen werden kann. Man kann seinen Tag mit ihm besser strukturieren, weil er konstante Wach- und Schlafphasen hat. Auch das Alter ist wichtig. Bei einem vielleicht zweijährigen Hund müssen Sie möglicherweise noch Erziehungsnachhilfe leisten. Ein schon älterer Hund wird Sie eventuell mit Krankheiten überraschen, die eine teure und aufwendige Behandlung erfordern.

Bei einem erwachsenen Hund kann man sich darauf verlassen, dass er eingefahrene Gewohnheiten hat, im Positiven wie im Negativen. Ist er bei seinem Vorbesitzer brav bei Fuß gegangen, wird er das bei Ihnen auch beibehalten. Hat er immer Nachbars Katzen gejagt, wird er sie auch aus Ihrem Garten verbellen.

Je älter der Mensch, desto kleiner der Hund

Die Frage wurde zuvor schon gestellt: „Wie geht es mir in zehn bis fünfzehn Jahren?“ Sie kennen Ihren aktuellen gesundheitlichen und sportlichen Zustand und fühlen sich heute noch fit genug für einen Hund der Größe und Bewegungsfreude eines Labrador Retrievers oder Huskys? Aber wie sieht Ihre Prognose für die Zukunft aus? Gibt es vielleicht heute schon Anzeichen für Gelenkprobleme? Wie ist der Status Ihres Herz-Kreislauf-Systems oder Ihr Blutdruck? Wie würde Sie Ihr Arzt einschätzen?

Die Größe muss zum Alter passen

Die Auswahl nach dem passenden Hund für die nächsten Jahre sollten Sie nicht nach Ihrem momentanen Status bestimmen, sondern nach der Einschätzung, wie es in ein paar Jahren um Ihre Fitness bestellt ist. Oder anders ausgedrückt: Es sollte für Sie „leicht“ sein, Ihren Hund auch in der Zukunft noch halten oder tragen zu können. Das ist jetzt wörtlich gemeint, denn wenn der Hund alt wird und vielleicht die Treppenstufen hinauf getragen

Ob groß oder ...

... klein, wie viel Hund darf es sein?

Sicher mit einem Fliegengewicht!

werden muss, weil er selbst Probleme mit seinen Gelenken hat, geht das nur, wenn Sie dazu noch in der Lage sind. Hundebesitzer, deren Kräfte nachgelassen oder die Rückenprobleme haben, stehen dann womöglich vor der schweren Entscheidung, sich von ihrem lieb gewonnenen Freund trennen zu müssen. Mit der Entscheidung für einen kleinen Hund können Sie von vorneherein diesem Schmerz vorbeugen.

Von vielen Hunderassen gibt es verwandte oder ähnliche Kleinausgaben, zum Beispiel Kleinspitz statt Samojede, ein Shiba Inu statt eines Chow-Chow, Mops anstelle eines Boxers; allein unter den Terriern gibt es sehr viele verschieden Größen.

Mit Kleinhunden bleibt auch in ein paar Jahren noch das Kräfteverhältnis zwischen Ihnen und Ihrem Hund gewahrt.

FAZIT

Der ideale Hund für die späten Jahre sollte klein und leicht sein und über wenig Körperkraft verfügen.

Er wird Sie nicht von den Füßen reißen, wenn er einmal in die Leine springt. Und in puncto Persönlichkeit stehen die Kleinen den Großen in nichts nach. Mitunter entsteht eher der Eindruck, dass sie davon sogar mehr haben, als ihrer Statur angemessen ist.

Ein weiterer Vorteil ist, dass kleine Hunde langsamer altern als große Hunde. Ein Golden Retriever ist mit acht Jahren schon ein Senior, während ein gleichaltriger Jack Russel Terrier noch Vollgas durch das Gelände laufen kann.

Ein Mini-Hund macht genauso viel Freude wie ein großer. Man verzeiht ihm sogar leichter ein paar Unarten, die bei einem großen Hund sofort zu Auseinandersetzungen mit dem Halter führen würden, wie zum Beispiel das Anbellen oder Anspringen von Passanten. Bei kleinen Hunden wird darüber noch gelacht.

Eine „Sie“ oder ein „Er“?

Etliche Charaktereigenschaften sind bei Rüden und Hündinnen je nach Rasse unterschiedlich ausgeprägt. Im Allgemeinen sind Rüden in ihrem Auftreten bestimmter und selbstbewusster. Von Hündinnen heißt es dagegen, dass sie sanfter, familienbezogener und anhänglicher sind und seltener ihren Kopf durchsetzen wollen. Häufig herrscht daher die Meinung vor, dass Hündinnen leichter zu handhaben sind als Rüden. Dies so zu pauschalisieren kann aber durchaus zu Fehleinschätzungen führen.

Wenn Sie zum Beispiel bei einem Wurf junger Welpen die Wahl zwischen beiden Geschlechtern haben sollten, geben Sie besser praktischen Gründen den Vorrang vor Niedlichkeit. Als erwachsener Hund wird ein Rüde stets beim Pipimachen sein Beinchen heben, während eine Hündin sich immer hinsetzen wird. Das erleichtert bei einem kleinen Hund das Anlernen, in der Wohnung auch eine Katzentoilette zu benutzen, wenn die Möglichkeit zum Gassigehen einmal nicht gegeben ist. Das Thema Katzentoilette wird später noch ausführlicher behandelt.

Mit einer Hündin gestaltet sich Ihr Zusammenleben deutlich stressfreier als mit einem Rüden. Sie wird die Rangposition, die ihr in der Gemeinschaft der Familie zugeteilt wird, kaum infrage stellen. Ein Rüde wird dagegen immer mal wieder versuchen, seine Position zu verbessern und Ihnen den Rang abzulaufen. Spielt er sich anderen Rüden gegenüber auch noch als Macho auf, kann es schnell zu Auseinandersetzungen und Verletzungsfolgen kommen. Hier besteht wiederum die Gefahr, dass Sie als Halter zwischen die Fronten geraten.

Aber auch Hündinnen sind nicht immer nur friedlich. Von vielen werden sie gern auch als „zickig" beschrieben. Aufgrund des natürlichen Hormonzyklus und der ein- bis zweimal – je nach Rasse – im Jahr auftretenden Läufigkeit unterliegen Hündinnen eher Stimmungsschwankungen als Rüden. Sind sie gerade nicht in der „Stimmung", wird ein Rüde auch gern mal abgeschnappt, was von den männlichen Artgenossen in der Regel einfach hingenommen wird. Es gibt aber auch Hündinnen, die sich nicht mit anderen weiblichen Hunden verstehen, und wenn es dann zu einer Beißerei kommt, endet diese meistens heftiger als eine Rauferei zwischen Rüden.

Der Rüde wird ab dem Erwachsenenalter immer ein Beinchen heben, um Urin zu lassen, selbst dann, wenn er als Welpe gelernt hat, auf die Katzentoilette zu gehen. Für ihn hat der Akt viel mit Kommunikation zu tun. Er markiert damit sein Revier und gibt Statusmeldung von sich ab. Sogar kleine Hunde versuchen dabei, ihr Pipi mit akrobatischen Verrenkungen so hoch wie möglich zu platzieren, um anderen Hunden vorzugaukeln, sie wären viel größer. Bei einem Spaziergang teilt sich ein

Rüden „müssen" mehr als einmal.

Rüde sein Wasser ein und „muss" gut ein Dutzend Mal und mehr. Dieses Markieren kann aber auch zu einem Problem werden, wenn ein dominanter Rüde in fremden Wohnungen Duftmarken absetzen will und dabei wenig Rücksicht auf Tischbeine oder Polstermöbel nimmt.

Ein nicht kastrierter Rüde folgt auch sehr gern der Duftspur einer läufigen Hündin, blind und taub für alles, was vielleicht Gefahr für ihn bedeuten könnte. Er büxt einfach aus und rennt über die Straße oder drei Dörfer weiter. Eine Kastration löst natürlich dieses Problem nicht völlig, aber dennoch verliert der Rüde dadurch einiges von seinem männlichen Ausdruck und sein Trieb lässt nach. Allerdings neigen kastrierte Rüden häufig zum Dickwerden, da durch die Hormonveränderung eine bessere Futterverwertung stattfindet. Damit der Rüde sein Gewicht beibehalten kann und nicht zum „Speckie" wird, muss zukünftig sein Futter stärker rationiert werden.

Hündinnen werden zweimal im Jahr läufig! Dann sind sie für alle potenten Rüden der Umgebung unwiderstehlich. Die Läufigkeit dauert zwei bis drei Wochen, dabei wird die Hündin unruhig und aus der Scheide tritt blutiger Ausfluss aus. Ich empfehle Ihnen, eine Hündin kastrieren zu lassen, außer Sie wollen mit ihr züchten. Die Kastration der Hündin hat den großen Vorteil, dass sie nicht mehr läufig wird und auch keine Belästigung von Rüden erdulden muss. Außerdem werden die häufig auftretenden Probleme einer Scheinträchtigkeit oder die Gefahr einer Gebärmutterentzündung dadurch verhindert. Eine Kastration kann schon vor der ersten Läufigkeit vorgenommen werden.

Als Alternative gibt es Spritzen gegen die Läufigkeit. Hierbei handelt es sich um Hormone, die aber sehr exakt mit den Terminen eingehalten werden müssen. Auf Dauer kann das auch teurer werden als eine einmalige Kastration. Lassen Sie sich diesbezüglich ausführlich von Ihrem Tierarzt beraten.

Die Zipperlein

„Was tun mir heute die Knochen weh!“ Wenn Sie glauben, nur Sie leiden mit den Jahren unter Beschwerden des Alters, dann fragen Sie erst einmal Ihren Hund. Sie werden erstaunt erkennen, dass er unter den gleichen Problemen leidet, die auch Ihnen zu schaffen machen: Gelenkprobleme, Bluthochdruck, Diabetes, nachlassendes Augenlicht oder Hörvermögen und sogar Demenz – die Liste lässt sich noch beliebig ergänzen.

Die meisten älteren Hunde leiden über kurz oder lang an Alters-Zipperlein wie ihre Halter auch oder sogar an ernsthaften Erkrankungen. Um sie möglichst frühzeitig zu erkennen, sollte

Es wird nicht mehr gerannt. Spazierengehen geht auch gemütlicher.

jeder Hund zweimal im Jahr zum Gesundheits-Check beim Tierarzt vorgestellt werden. In Absprache mit ihm können dann wirksame Maßnahmen gegen die Beschwerden ergriffen werden wie medikamentöse Behandlung, Schmerztherapie, Ernährungsumstellung, Akupunktur und Physiotherapie, um ein paar zu nennen.

Das kommt Ihnen bekannt vor? Wie schon gesagt: Ihr Hund hat die gleichen Wehwehchen wie Sie.

Typische Altersgebrechen – auch beim Hund

Bestimmte Erkrankungen sind für alte Hunde typisch. Dazu gehören Beschwerden wie vermehrte Ohrenverschmutzung oder mangelnde Tränenflüssigkeit und dadurch bedingt trockene, entzündliche Augen. Aber die meisten altersbedingten Beschwerden sind mit denen aus der Humanmedizin vergleichbar und Ihnen vielleicht schon bekannt. Hier werden nur ein paar der klassischen, altersbedingten Krankheitssymptome aufgezählt.

Die Beweglichkeit nimmt im Alter ab, bedingt durch **Verschleißerscheinungen** wie poröse Knochen, weniger elastisches Bindegewebe oder Abbau der Muskeln und Knorpelmasse. Viele alte Hunde leiden unter einer Entzündung der Gelenke oder Arthrose. Als Spondylose bezeichnet man die schmerzhafte Entzündung der Wirbelsäulengelenke. Myopathie ist eine degenerative Muskelerkrankung, die zur Lähmung oder sogar zum Tod des Hundes führen kann.

Typisch für alte Hunde sind **Probleme im Maul- und Rachenbereich.** Ein schlechter Geruch aus dem Maul oder Beschwerden beim Fressen weisen häufig auf Zahnprobleme hin. Zahnschmerzen beim alten Hund sollten in jedem Fall ernst genommen werden. Wir wissen aus eigener Erfahrung, wie sehr diese Schmerzen die Lebensqualität herabsetzen können. Ihrem Hund ergeht es da nicht anders.

GESUNDHEITS-CHECK

Neben dem Impfschutz und Wurmkuren sollten ab einem bestimmten Alter auch Blutuntersuchungen und Gesundheits-Checks regelmäßig vom Tierarzt durchgeführt werden. Bei den Gesundheits-Checks beim Tierarzt sollten durch eine Blutuntersuchung die Funktionen von Herz, Leber und Nieren beim alten Hund überprüft werden. Grundsätzlich gilt, dass jede auffällige Veränderung im Verhalten des alten Hundes, in seiner Bewegung, seiner äußeren Erscheinung (mattes Fell, Haarausfall), bei der Nahrungsaufnahme und -abgabe vom Tierarzt untersucht werden sollte.

Häufiger **Harndrang** und **Inkontinenz** ist ein Problem, dass auch den Hund betrifft. Viele alte Hunde sind nicht mehr in der Lage, Harn und Kot über einen längeren Zeitraum einzuhalten. Das kann vielerlei Ursachen haben und muss in jedem Fall vom Tierarzt untersucht werden. Bei Hündinnen kann der im Alter verminderte Östrogenspiegel verantwortlich sein, doch auch Harnwegsinfektionen, Nierenerkrankungen oder Diabetes können die Ursache sein. Wird die Inkontinenz chronisch, sollte zu Hause eine Möglichkeit geschaffen werden, dass der Hund sich schnell lösen kann, zum Beispiel mit einer Katzentoilette oder einer Ecke im Garten, die er schnell aufsuchen kann.

Prostataerkrankungen beim Rüden oder **Gebärmutterentzündungen** bei der Hündin sind nicht seltene Alterserscheinungen bei unkastrierten Hunden. Eine Operation ist in dem Fall unvermeidbar.

Atemnot, Husten vor allem nach dem Aufwachen und schnelle Ermüdung können auf eine **Herzschwäche** hinweisen. Die veterinärmedizinische Entwicklung ist heute so weit fortgeschritten, dass auch Herzerkrankungen gut behandelt werden können und der Hund dabei wieder deutlich an Lebensqualität gewinnt.

Auch von **Krebserkrankungen** sind Hunde leider betroffen. Häufige Krebsarten sind dabei Gesäugetumore, Mund- und Rachentumore, Lebertumore und Milztumore. Bösartige Tumore können operativ entfernt werden, auch öfter, da viele von ihnen wieder nachwachsen. Auch eine Chemotherapie ist heutzutage möglich. Aber Sie sollten sich wirklich fragen, ob Sie Ihrem Hund das zumuten wollen.

Futter für ältere Hunde

Der Hund altert mit Ihnen. Das merken Sie vor allem daran, dass er gemütlicher und ruhiger wird. Seine Gelenke verlangen nach mehr Ruhe, das Herz-Kreislauf-System wird anfälliger, Muskulatur, Sehkraft, Gehör- und Geruchssinn lassen nach. Der Energiebedarf sinkt um rund 20 Prozent.

Da Ihr Hund im Alter langsamer wird, verbraucht er auch weniger Energie, der Magen-Darm-Trakt und die Verdauung werden träger und auch die Nieren sind weniger aktiv. Daher ist es ratsam, die Ernährung Ihres Hundes spätestens dann umzustellen, wenn die ersten Alterserscheinungen auftreten. Soll der Hund gesund und fit bleiben, ist eine angepasste Senior-Fütterung sehr wichtig.

Achten Sie bei der Fütterung auch auf den Kalorien- und Fettgehalt, denn bei gleichbleibender Menge kann der Hund schon mal an Gewicht zulegen. Die Verdauung wird bei vielen Hunden im Alter etwas träger. Das Futter sollte deshalb in diesem Fall auf zwei bis drei (kleinere!) Mahlzeiten verteilt werden, um damit den Magen zu entlasten. Das neue Futter sollte zudem hochwertige und

Nicht nur eine schlechte Angewohnheit: Viele Leckereien vom Teller sind für den Hund ungesund.

DIE RICHTIGE ERNÄHRUNG FÜR DEN ALTEN HUND

Die Ernährung für unseren alten Hund muss den gleichen Körper erhalten, aber weniger Energie zur Verfügung stellen, da der Bewegungsdrang nachlässt.
Die Futterration muss:

- *weniger Energie (Fette und Kohlenhydrate) enthalten.*
- *Proteine und Mineralstoffe wie beim normalen erwachsenen Hund bieten.*
- *mehr wasserlösliche Vitamine (Vitamine der B-Reihe und Vitamin C) als beim erwachsenen Hund haben.*
- *genügend, aber auf keinen Fall zu viel fettlösliche Vitamine A, D, K und E beigemischt bekommen. Vorsicht! Eine Überdosierung kann toxisch (giftig) wirken.*

konzentrierte Nährstoffe, Mineralien und Vitamine bieten. Auch das Hundegebiss wird mit zunehmendem Alter schlechter und der Speichelfluss lässt nach. Bei der Fütterung sollten Sie darauf achten, dass keine allzu großen Futterbrocken im Napf liegen. Und wie auch bei älteren Menschen müssen Sie darauf achten, dass dem Hund immer ausreichend Wasser zur Verfügung steht! Viele Hersteller bieten heute für Senior-Hunde angepasstes Futter an, das im Fachhandel erhältlich ist. Für weitere detaillierte Informationen zur richtigen Fütterung finden Sie im Literaturverzeichnis einige Bücher zum Thema Hundeernährung.

Eine Versicherung für alle Felle

Die Gesundheit eines Hundes kostet viel Geld. Allein für die jährlichen Vorsorgeuntersuchungen und Impfungen geht ein erkleckliches Sümmchen drauf. Kommen mit zunehmendem Alter dann noch schwere Krankheiten oder Operationen hinzu, wird es richtig teuer. Hundehalter hängen sehr an ihren Tieren und sind bereit, sich auch in hohe Kosten zu stürzen, damit es ihrem Liebling wieder besser geht.

Aber eine Tumorbehandlung oder ein künstliches Hüftgelenk kann zum Beispiel ganz schnell mehrere tausend Euro kosten. Viele geraten dadurch in einen schweren Konflikt mit ihrer Angst um das Tier und den finanziellen Grenzen. Nicht selten passiert es dann, dass der Hundehalter schweren Herzens von seinem Liebling Abschied nehmen muss, weil er eine lange und teure Behandlung einfach nicht bezahlen kann und ihm nur noch bleibt, sein krankes Tier einschläfern zu lassen. Der finanzielle Aspekt sollte im Notfall aber nicht im Vordergrund stehen, sondern die Gesundung des Hundes.

Es gibt für Hundebesitzer die Möglichkeit, sich gegen hohe Tierarztkosten mit einer Hundekrankenversicherung zu schützen. Einige Versicherer haben Tarife für eine Vollversicherung, die neben den OP-Kosten auch die medizinischen Behandlungen, Medikamentenkosten und die jährlichen Impfkosten übernehmen. Es gibt auch nur eine OP-Versicherung, um sich bei einem Unfall oder einer Verletzung vor horrenden Operationskosten zu schützen; diese Versicherungen sind dann in den monatlichen Beiträgen günstiger.

Für etwa 5,- bis 25,- Euro im Monat (je nach Tarif) kann so eine veterinärmedizinische Versorgung gesichert werden. Vergleicht man das mit den Kosten für die jährliche Impfung und Vorsorge oder allein eine Kastration, rechnet sich das meiner Meinung nach schon. Für den Fall der Felle hätten Sie mit einer Hundekrankenversicherung jedenfalls den Kopf frei von finanziellen Sorgen und könnten sich ganz der Erholung Ihres Hundes widmen.

Hundekrankenversicherungen bieten verschiedene Versicherer an. Eine entsprechende Auflistung der Anbieter und weitere Informationen zu den Leistungen finden Sie im Internet. Vergleichen Sie die Tarife oder fragen Sie bei Ihrem Tierarzt nach, welche Versicherung zu empfehlen ist.

Und da wir gerade beim Thema Versicherungen sind: Es gibt auch für die Altersgruppe 60plus mittlerweile angepasste Hundehalterhaftpflicht-Versicherungen. Versicherungsnehmer ab 60 Jahre haben dadurch deutliche Ersparnisse gegenüber dem Normaltarif.

Erziehung

Erziehung muss sein. Das Zusammenleben mit Ihrem Hund würde ansonsten für beide Seiten stressig und unbefriedigend verlaufen. Das Ziel jeder Erziehung sollte ein Hund sein, den man überall problemlos mitnehmen kann.

Ein paar Grundregeln sind für das Zusammenleben wichtig, andere für Begegnungen außerhalb der eigenen vier Wände. Auch die Nachbarschaft darf sich durch einen Hund nicht gestört oder gefährdet fühlen.

Die Erziehung eines Hundes bedeutet in erster Linie, ihm Dinge anzugewöhnen, die seinem Halter angenehm sind, und andere abzugewöhnen, die stören oder sogar gefährlich sind. Die eigentliche Schwierigkeit liegt darin, dass Sie Ihren Vierbeiner – egal ob Sie sich einen Welpen oder erwachsenen Hund holen – ständig sehr genau beobachten und sofort adäquat reagieren müssen. Das gilt für positive Verhaltensweisen ebenso wie für unerwünschte.

Ob mit einem oder mehreren Hunden: Sie sind immer der Chef!

Gutes Benehmen gibt beiden Sicherheit

Kleine Kommandoübungen kann man beim Spaziergang mit einbauen.

Das Leben mit zuverlässig ausgebildeten Hunden ist einfacher und stressärmer als das mit unerzogenen. In einem Rudel herrschen Regeln und Hunde ordnen sich ihnen gern unter, weil für sie die Sicherheit, welche die Gruppe bildet, das Wichtigste im Leben ist. Unentbehrlich ist hierbei, die Rangfolge einzuhalten. Der Hund hat die angeborene Fähigkeit, ein hohes Sozialverhalten zu entwickeln. Demokratie ist für Hunde ein Fremdwort, das kommt in der Hundesprache einfach nicht vor. In einem Rudel nimmt jeder Hund eine bestimmte Position in der Hierarchie ein mit einem Chef an der Spitze.

In Ihrem Rudel müssen Sie die Führungsrolle übernehmen. Sonst passiert Ihnen, dass der Hund macht, was er will. Das wird nicht nur zum Ärgernis für Sie und Ihre Nachbarn, sondern kann auch zu Gefahrenmomenten führen. Sie müssen Ihrem vierbeinigen Begleiter klar machen, dass er in der Rangfolge nach Ihnen kommt. Die Leitlinien der Erziehung sind dabei Verständlichkeit und Konsequenz. Kommandos müssen klar und eindeutig vermittelt werden. Und die Wichtigkeit von konsequentem Handeln kann nicht genug betont werden. Ein gut erzogener und zuverlässiger Begleiter gibt auch Ihnen Sicherheit, vor allem, wenn Sie einmal weniger gut zu Fuß sind.

Der Grundwortschatz an Kommandos ergibt sich aus den Wörtern „Komm“, „Sitz“, „Nein“, „Platz“, „Runter“ und „Aus“. In den allermeisten Fällen kommt man damit gut aus. Jedes Kommando sollte dabei einzeln trainiert werden, bis es gründlich sitzt.

Lernen durch Verknüpfung

Hunde verfügen über eine ausgeprägte Kombinationsgabe; sie lernen durch Verknüpfung. Ein bestimmtes Verhalten ruft bestimmte Folgen hervor, im positiven wie im negativen Sinn. Verbindet der Hund sein Verhalten mit den Folgen, hat er das „verknüpft“. Bei positivem Erfolg wird er sein Verhalten zukünftig wiederholen, bei negativem vermeiden.

Ein Beispiel: Ihr Hund wird vom Duft einer Wurstplatte, die auf dem Frühstückstisch steht, angelockt. Gelingt es ihm, die Platte vom Tisch zu ziehen, und fällt sie scheppernd auf den Boden, erschrickt er zunächst gewaltig vor dem Krach. Aber dann entdeckt er die leckeren Wurstscheiben auf dem Boden und macht sich darüber her. Ein sehr positiver Erfolg. Er wird zukünftig danach trachten, wieder an jede Wurstplatte, die auf dem Tisch steht, heranzukommen.

Ein gut erzogener Hund ist – fast – überall gern gesehen.

Es ist also unumgänglich, seinen Hund genau zu beobachten und im besten Fall sofort zu reagieren, wenn er bei unerwünschtem Verhalten erwischt wird. Es macht keinen Sinn – um bei dem Beispiel zu bleiben –, erst etliche Zeit später mit dem Hund zu schimpfen, wenn Sie die leere Wurstplatte auf dem Fußboden vorfinden. In der Zwischenzeit liegt der Hund satt und zufrieden in seinem Körbchen und wundert sich, warum er für das Brav-Liegen-Bleiben nun ausgeschimpft wird. Er verbindet Ihr Schimpfen mit der aktuellen Situation. Die gefressene Wurst hat er längst vergessen.

Auf das Thema Hundeerziehung wird hier nicht detailliert eingegangen, denn dazu gibt es eine Reihe Fachliteratur (siehe Literaturverzeichnis im Anhang). Ich empfehle auch den regelmäßigen Besuch einer Hundegruppe oder Hundeschule, vor allem den Ersthundebesitzern. Das macht beiden Spaß, Ihnen und dem Hund. Er freut sich auf eine tolle Spielstunde mit anderen Hunden und Sie haben Gesellschaft und Unterhaltung mit Gleichgesinnten und neuen Bekannten.

Nützliche Tricks

Viele kleine Tricks, die Sie ihrem Hund beibringen können, sind nicht nur eine reizvolle Beschäftigung für das Tier, sondern haben für Sie einen zusätzlichen Nutzen. Das kann das Schließen der Tür sein oder das Bringen von Pantoffeln oder dem Handy. Das Training, dem Hund ein paar Serviceleistungen oder Apportierkunststückchen beizubringen, fordert die Geschicklichkeit und Intelligenz Ihres Hundes. Er hat in dieser Zeit Ihre ganze Aufmerksamkeit und Konzentration und darf sich bei Erfolg der Aufgaben sogar auf ein Leckerchen oder andere Belohnungen freuen.

Für Sie bedeuten diese kleinen Hilfestellungen vielleicht eine Erleichterung, wenn Sie einmal gehandicapt sind oder schlicht zu bequem, um sich selbst zu bemühen.

Der Telefon- und Klingelverstärker

In den meisten Fällen ist man eigentlich froh, wenn ein Hund nicht so viel bellt und aufgeregt hin- und herspringt, sobald es an der Tür klingelt. Aber es kann auch sein, dass Sie einmal auf eine deutlichere Art und Weise auf Signale aufmerksam gemacht werden müssen. Wenn das eigene Gehör nachlässt oder man im tiefen Mittagsschlaf auf der Couch liegt, wird das Klingeln vom Telefon oder an der Tür schon mal überhört.

Ein Vierbeiner, der in dem Fall zusätzlich bellt oder einen anstupst, ist hier sicherlich ein nützlicher Helfer. Auch das kann dem Hund über die positive Verstärkung beigebracht werden. Klingelt das Telefon und gibt er einen Laut von sich oder stupst Sie mit der Nase an, wird er sofort belohnt. Wichtig ist dabei wieder die unmittelbare Reaktion. Nur so kann die gewünschte Verknüpfung Klingel → Bellen oder Anstupsen → Leckerchen → Erfolg verinnerlicht werden.

Gegenstände aufheben und bringen

Schlüssel aufheben, das Telefon oder die Fernbedienung bringen, Socken ausziehen oder die Tür zudrücken – viele solcher Serviceaufgaben können dem Hund spielerisch beigebracht werden. Für den Vierbeiner sind solche Aufgaben echte Herausforderungen und das Training ist eine tolle Beschäftigung für Sie beide. Und für Sie kann das Apportieren von Gegenständen eine große Hilfe sein.

Das Clickertraining hat sich bei Apportieraufgaben als sehr hilfreich erwiesen. Voraussetzung ist, dass Ihr Hund die Kombination „Click" und „Belohnung" kennenlernt. Am einfachsten ist es, in

Kleine Apportieraufgaben mit dem Spielzeug sind der Anfang.

DIE SACHE MIT DEM CLICKER

Der Clicker ist eine Art Belohnungssignal. Mit dem Click wird die Belohnung angekündigt, und zwar genau in dem Moment, in dem der Hund das erwünschte Verhalten zeigt. Hunde lernen durch Verknüpfung. Wird eine positive Verhaltensweise mit einem Click und anschließendem Leckerchen oder Lob belohnt, wird der Hund sie immer sicherer ausführen, je öfter sie wiederholt wird. Bei einem Misserfolg oder falschem Verhalten bleibt der Click aus – und damit die Belohnung. Durch Versuch und Irrtum findet der Hund so heraus, welche Verhaltensweisen sich für ihn lohnen und welche nicht.

Vorteile des Clickers sind:

- *Der Clicker erzeugt ein neutrales Geräusch, das im normalen Alltag kaum vorkommt. Unsere Stimme hört der Hund dagegen häufig.*
- *Der Clicker ist auch über eine größere Distanz zu hören und dennoch dezent.*
- *Ein Clicker hat keine Modulation so wie die Stimme, Emotionen können dabei also nicht mitschwingen.*
- *Der Clicker kann auch von einer anderen Person, zum Beispiel dem Hundetrainer, verwendet werden.*

einer Hundeschule das Clickertraining zu üben. Es gibt auch viele hervorragende Bücher zur Ausbildung mit dem Clicker. Daher gehe ich hier nur kurz auf das Training ein.

Üben mit dem Clicker

Der Anfang wird gemacht, indem der Hund die Bedeutung des Clickers kennenlernt. Mit ein paar kleinen Leckerchen – der Hund soll sich ja nicht satt fressen – wiederholen Sie folgende Übung etwa fünf bis zehn Mal:

Sie clicken einmal und geben dem Hund sofort ein Leckerchen. Schon das ungewohnte Geräusch macht den Hund neugierig. Bekommt er dann auch noch eine essbare Belohnung, ist die Verknüpfung Click → Leckerchen schnell geschlossen. Nach einigen Übungen wird der Hund schon interessiert schauen und angelaufen kommen, wenn er nur den Click hört. Ist das erreicht, haben Sie die Grundlage für objektorientierte Aufgaben. Der Click dient ab jetzt nur noch, um ein bestimmtes Verhalten zu belohnen.

Das Apportieren eines Objektes, wie zum Beispiel das Holen des Telefons, sollte in kleinste Einzelschritte aufgeteilt werden. Einen kompletten Handlungsablauf zu trainieren, würde zu keinem positiven Ergebnis führen und sowohl Sie als auch Ihren Hund nur frustrieren. Also geht es Schritt für Schritt:

- die Aufmerksamkeit auf das Objekt richten
- zu dem Objekt hingehen
- das Objekt mit der Schnauze berühren
- mit der geöffneten Schnauze das Objekt berühren
- das Objekt mit der Schnauze aufnehmen
- das Objekt in der Schnauze halten
- mit dem Objekt in der Schnauze zu Ihnen schauen
- mit dem Objekt in der Schnauze zu Ihnen kommen
- das Objekt in Ihre Hand legen

Verbinden Sie jeden einzelnen dieser Schritte mit einem Click und Belohnung. Das Timing ist hierbei enorm wichtig. Beobachten Sie Ihren Hund also sehr genau. Jeder Schritt sollte erst abgeschlossen sein und vom Hund zuverlässig gezeigt werden, bevor es zum nächsten geht. Kommen Sie an einer Stelle nicht weiter, ist es besser, ein bis zwei Schritte zurückzugehen.

Die Distanz vom Objekt zu Ihnen sollte am Anfang noch kurz sein. Hat der Hund die Schrittfolge und den kompletten Ablauf verstanden, kann die Distanz immer weiter vergrößert werden.

Erst wenn Ihr Hund das Apportieren zuverlässig zeigt, wird ein Wortsignal mit einem bestimmten Objekt in Verbindung gebracht wie zum Beispiel „Hol das Telefon“. Das gilt dann auch nur für dieses Objekt. Für andere Aufgaben startet man das Training entsprechend wieder von vorn.

Komm zurück

Es ist ein Albtraum: Die Silvesterknallerei, der Geruch einer läufigen Hündin oder ein Feldhase, der plötzlich aufspringt und wegrennt – und schon ist auch der bravste Hund nicht mehr zu halten und über alle Berge. Jetzt ist es wichtig, sofort und richtig zu reagieren, damit der Hund wohlbehalten wieder zurückkommt oder gefunden und heimgebracht werden kann.

Für den Akutfall beherzigen Sie ein paar einfache Verhaltensregeln. Wenn Ihr Hund wegläuft, laufen Sie ihm nicht hinterher. Das wäre das falsche Signal an ihn. Laufen Sie in die entgegengesetzte Richtung und versuchen Sie, ihn mit freundlichen Rufen – nicht Brüllen – zur Umkehr zu locken. Die meisten Hunde fühlen sich verunsichert, wenn Sie plötzlich allein ohne ihr Rudel sind und kommen dann doch lieber wieder zurück.

Reagiert Ihr Hund nicht und kommt auch nicht zurück, bleiben Sie eine Zeit lang an der Stelle stehen und warten Sie. Das kann eine Weile dauern, aber viele Ausreißer folgen ihrer eigenen Geruchsspur zurück und kommen so wieder zu ihrem Besitzer.

Bleibt der Hund verschwunden, informieren Sie möglichst viele Leute von dem Verlust Ihres Hundes, beschreiben sein Aussehen, seinen Rufnamen und hinterlassen eine Telefonnummer, unter der man einen Fund melden kann. Auch Stellen wie Polizei, Tierärzte, Tierheime, Briefträger und Feuerwehr sollten Sie Meldung machen. Hängen Sie kleine Suchplakate mit einem Bild Ihres Hundes, seiner genauen Beschreibung und Ihrer Telefonnummer in der Gegend seines Verschwindens und in Ihrer Nachbarschaft auf.

Natürlich ist es am besten, wenn es gar nicht erst dazu kommt. Ein paar Vorsichtsmaßnahmen sollte jeder Hundebesitzer, vor allen wenn einem der Hund erst seit kurzer Zeit gehört, beachten.

Zu Hause und auf dem Grundstück sollte der Hund keine Möglichkeit haben auszubüxen. Verschlossene Türen und ein umlaufender, genügend hoher Zaun können das sicherstellen.

Mit einem implantierten Chip lässt sich der Hund sehr schnell identifizieren.

Halsband oder Geschirr müssen gut angepasst sein, damit sich der Hund beim Gassigehen nicht daraus selbst befreien kann.

In fremder Umgebung sollte man den Hund nicht frei umherlaufen lassen. Sie kennen die Gegend nicht und wüssten auch nicht, wo Sie nach ihm suchen sollten.

Ganz verhindern kann man das Weglaufen eines Hundes dennoch nicht. Mit einem entsprechend großen Reiz ist die Angst oder Neugierde doch stärker als der Gehorsam. Daher ist es besser, vorher ein paar Vorsichtsmaßnahmen zu ergreifen.

Lassen Sie Ihren Hund chippen. Dabei wird ein kleiner Transponder ins Gewebe in die linke Nackenseite injiziert. Wenn das nicht schon beim Züchter vorgenommen wurde (was bei den meisten Welpen der Fall ist), können Sie von einem Tierarzt einen Chip implantieren und die Kennzeichnung auf Plattformen wie dem Haustierzentralregister Tasso (www.tasso.net) registrieren lassen. Wird ein entlaufenes Tier dann aufgefunden, ist es leicht, die Chipnummer beim Tierarzt oder im Tierheim auszulesen und den

Besitzer zu ermitteln. Auch Labore, die Tierversuche vornehmen, haben die Verpflichtung, gechippte Hunde wieder an ihre Besitzer zurückzugeben.

Es gibt heute auch Halsbänder mit GPS-Sendern. Das ist zwar keine kostengünstige Angelegenheit, aber sehr nützlich und vor allem führt sie zu einem schnellen Erfolg. Mithilfe eines GPS-Gerätes oder Ihrem Handy kann das Signal empfangen und der Aufenthaltsort des Hundes dann metergenau bestimmt werden.

Ich wünsche Ihnen und Ihrem Hund auf jeden Fall, dass Sie so eine schreckliche Erfahrung nie machen müssen.

Die Notwendigkeit eines Katzenklos

Was für eine komische Idee: Der Hund soll in ein Katzenklo gehen, um sich zu lösen? Aber ja, es kann unter Umständen Situationen geben, in denen ein Katzenklo die einfachste oder gar die einzige Möglichkeit ist, dass der Hund sich erleichtern kann. Ein Katzenklo ist nicht als Ausrede gedacht, sich vor dem Gassigehen zu drücken. Aber es bietet einen Ersatzplatz, wenn keine andere Möglichkeit besteht, dass der Hund sich lösen kann.

Sie sind vielleicht außer Haus eingeladen und es wird später oder Sie sind krank und können nicht zum Gassigehen hinaus. Auch bei Unwetter und Glatteis möchte keiner gern vor die Tür. Und wenn der Hund mal Probleme mit Durchfall hat und nicht so schnell nach draußen kommt, wie er muss, ist ein Katzenklo die perfekte Notlösung.

Suchen Sie einen ruhigen, geschützten Platz für die Toilette aus, möglichst auf einem glatten Boden. Legen Sie alte Zeitungen unter die Plastikschüssel und um den Rand. Wählen Sie ein Katzenklo aus, das groß und hoch genug ist, damit Ihr Hund die Toilette auch richtig benutzen kann. Es sollte nicht nur mit Streu, sondern auch mit Sand gefüllt sein.

Nehmen Sie sich Zeit, um den Hund an das Katzenklo zu gewöhnen, und bleiben Sie geduldig. Wenn Sie merken, dass Ihr Hund unruhig wird, dann setzen Sie ihn in die Toilette. Erleichtert er sich darin sofort, loben und belohnen Sie ihn mit einem Leckerchen. Falls es nicht klappt, versuchen Sie es ein zweites und drittes Mal.

Sie können das Katzenklo auch mit einer Hinterlassenschaft von ihm „markieren". Sammeln Sie draußen mit einer Plastiktüte ein Häufchen ein und legen das in die Toilette. So kann er das Klo durch den Geruch schon mit seinem Zweck verbinden. Loben Sie Ihren Hund immer dann, wenn er zum Katzenklo geht, selbst wenn es nur zum Schnuppern ist. Er wird lernen, dass dieser Ort etwas Positives ist und ihn gern aufsuchen.

Das Ziel jeder Erziehung ist ein harmonisches, entspanntes Zusammenleben.

Reisen mit und ohne Hund

Ein Hund sollte der allerletzte Grund sein, um auf Reisen und schöne Unternehmungen zu verzichten. Damit die Reise mit dem Hund zu einem positiven und glücklichen Erlebnis wird, müssen Sie vorausplanen und Regeln festlegen – nicht nur für den Hund, sondern auch für Sie und Mitreisende.

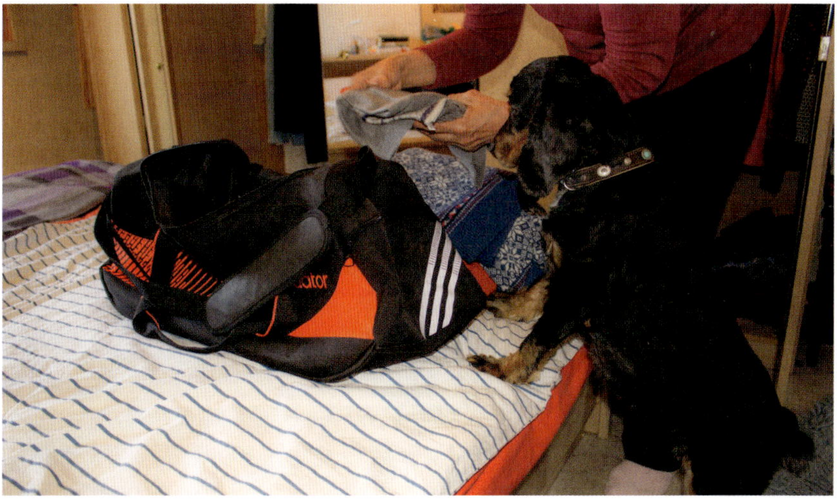

Ich komme doch wohl hoffentlich mit, Frauchen?

Vor einer Urlaubsreise sollte genau darauf geschaut werden, ob das gewünschte Reiseziel auch für den Hund geeignet ist. Ist es zum Beispiel wirklich sinnvoll, dem Vierbeiner eine mehrstündige Flugreise zuzumuten, nur um gemeinsam mit ihm an einem heißen Strand eine Woche Urlaub zu verbringen?

Auch Länder, in denen ein erhöhtes Ansteckungsrisiko mit gefährlichen Krankheiten besteht, sollten besser gemieden werden, wenn man seinen Hund unbedingt mit auf die Reise nehmen möchte. Den Hund in eine Tierpension oder zu einem hundeerfahrenen Mitmenschen zu geben, ist dann die bessere Alternative. Ob Sie Ihren Hund mitnehmen oder ihn während des Urlaubs unterbringen, für alles gibt es die richtige Lösung.

Reiseorganisation mit Hund

Eine Urlaubsreise sollte immer gut geplant sein, eine Reise mit Hund erst recht. Schon bei der Buchung des Urlaubs sollte auf ein hundefreundliches Hotel oder eine passende Pension geachtet werden. Sind dort Hunde erwünscht oder nicht? Auch im Ausland sollte der Hund keinen Stress bekommen. Nicht jedes Reiseziel, das auf dem Prospekt so traumhaft erscheint, ist auch für Hunde geeignet. Alte oder kranke Hunde sollten den Anstrengungen einer langen Reise besser nicht ausgesetzt werden.

Zu den Vorbereitungen gehört es auch, sich über die Einreise- und Impfbestimmungen des Reiseziels zu informieren. Sonst kann es passieren, dass Sie zum Beispiel am Flughafen stehen und Ihr Hund darf nicht mit. Diesen Stress möchten weder Sie noch Ihr Vierbeiner erleben.

Wer seinen Hund mit in den Urlaub nimmt, sollte schon ein paar Wochen vorher die Voraussetzungen dafür geklärt haben. Mit einem EU-Heimtierausweis, einem Mikrochip und einer Tollwut-Schutzimpfung dürfen Vierbeiner innerhalb der EU mitreisen. Diese Papiere werden vom Tierarzt ausgestellt. Die Frist ist 21 Tage vor Reiseantritt.

Wer ins außereuropäische Ausland reist, sollte sich über länderspezifische Besonderheiten erkundigen, am besten direkt bei den Konsulaten oder Botschaften. Nicht jedes Reisebüro verfügt über Kenntnisse der Bestimmungen, die vor Ort gelten. Für die Schweiz und Liechtenstein genügt der EU-Heimtierausweis mit Mikrochip und eingetragener Tollwutimpfung.

Für die Einreise nach Großbritannien, Irland, Finnland und Malta ist zusätzlich weiterhin die Behandlung gegen Fuchsbandwurm nachzuweisen. Diese muss mindestens 24 Stunden, aber höchstens 72 Stunden vor der Einreise erfolgen und vom Tierarzt im Heimtierausweis mit Uhrzeit eingetragen werden. Für Länder wie den Kosovo, Mazedonien, Albanien, Montenegro, Serbien, Türkei, Ägypten, Marokko oder Tunesien gilt, dass ein Tollwut-Antikörpertest durchgeführt werden muss, der mindestens 30 Tage nach der Impfung stattfindet. Eine Impfung ist schon aufgrund dieser Fristen gut zwei Monate vor der Reise nötig.

Für die Wiedereinreise aus Ländern mit EU-gleichgestelltem Tollwutstatus wie Norwegen, Schweiz, Liechtenstein, Australien, Neuseeland, USA und Kanada gelten die gleichen Bestimmungen wie innerhalb der EU.

In einigen Ländern besteht für Hunde Leinenpflicht und teilweise auch Maulkorbzwang. Bitte erkundigen Sie sich vorher über die örtlichen Gesetze, damit Ihr gemeinsamer Urlaub entspannt verläuft.

Grundsätzlich sollte nur ein gesunder Hund mit in Urlaub fahren. Ein altes oder krankes Tier wird unter den zusätzlichen Belastungen leiden. Hier wäre es vielleicht besser, den Vierbeiner während der Abwesenheit in einer Tierpension unterzubringen.

Eine kleine Reiseapotheke sollte es nicht nur für Sie, sondern auch für den Hund geben. Hierzu gehören Mittel gegen Flöhe, Zecken, Reiseübelkeit und Durchfall. Gegen den Stress haben sich Bach-Blüten wie Rescue Remedy-Tropfen bewährt.

Mit welchem Fortbewegungsmittel treten Sie Ihre Reise an? Und wie kann der Transport für den Hund gut vorbereitet werden? Die Reise an sich sollte so bequem wie möglich für den Hund sein; er hat schon durch die ungewohnten Aktivitäten um ihn herum Stress genug.

FOLGENDES GEHÖRT ALLES INS HUNDE-GEPÄCK:

- *Ausreichend Vorräte an Fertigfutter*
- *Futter- und Trinknapf*
- *Flasche mit Trinkwasser für die Fahrt*
- *Heimtierausweis*
- *Kennzeichnungsnummer (Chip-Code)*
- *Maulkorb*
- *Kopie der Haftpflichtversicherungspolice*
- *Steuermarke*
- *Decke*
- *Plastiktüten zur Entsorgung des Hundekots*
- *Medikamente, wenn der Hund sie regelmäßig einnehmen muss*

Achten Sie bei einer **Autofahrt** darauf, dass er genügend Platz hat. Eine Sicherung des Vierbeiners im Auto mit einem Sicherheitsgurt, mit einem Gitter oder einer Transportbox ist in Deutschland vorgeschrieben. Das Reisen im eigenen Auto hat zudem den Vorteil, unterwegs Pausen einlegen zu können, bei denen sich der Vierbeiner lösen, sich die Pfoten vertreten und eine kleine Portion fressen und trinken kann.

Bei **Bahnreisen** gilt: Wenn Sie einen Hund mitnehmen, der nicht im Transportbehälter als Handgepäck transportiert werden kann, zahlen Sie den halben Fahrpreis. Kleine Hunde können im Transportbehälter unentgeltlich mitgenommen werden. Im Zug müssen Hunde mit einem Maulkorb an der Leine geführt werden, ausgenommen sind Hunde, die in einem Transportbehälter mitgenommen werden, sowie Blindenführhunde und Begleithunde schwerbehinderter Menschen.

Flugreisen sind für Hund die unbequemste Art zu reisen. Mittelgroße und große Hunde sind nämlich im Frachtraum des Flugzeugs untergebracht und haben während der gesamten Flugzeit keine Möglichkeit, ihre enge Transportkiste zu verlassen. Kleinhunde haben den Vorteil, im Passagierraum mitreisen zu dürfen, aber ebenfalls in einer Transportkiste. Daher bekommen sie auch nicht mehr Bewegung als ihre großen Kollegen.

Auf **Schiffen** und **Fähren** begegnet man auch immer wieder Hunden. An Bord gibt es strenge Vorschriften, was die Bewegungsfreiheit des Hundes betrifft. Er darf nicht überall hin mitgenommen werden. Meistens gibt es zudem einen Leinen- und Maulkorbzwang. Hier sollten Sie sich schon bei der Reisebuchung nach den Bordbestimmungen erkundigen.

Eine Reise sollte die Gesundheit Ihres vierbeinigen Gefährten auf keinen Fall gefährden. Gerade im Mittelmeerraum häufen sich Erkrankungen durch Parasiten, die bei uns seit Jahren als ausgestorben gelten. Zu den Krankheiten, die am häufigsten aus südlichen Ländern eingeschleppt werden, gehören Babesiose, Leishmaniose, Ehrlichiose und Dirofilariose (Herzwurmerkrankung). Babesiose und Ehrlichiose werden überwiegend durch Zecken, Leishmaniose durch Sandmücken und der Herzwurm durch Stechmücken übertragen. Da bleibt dem Hundehalter nur die Möglichkeit, sein Tier so effektiv wie möglich vor Parasiten durch wirksame Insektenschutzmittel oder durch Impfungen (zum Beispiel gegen Babesiose) zu schützen. Informationen hierzu gibt es beim Tierarzt.

Auch die klimatischen Bedingungen vor Ort sollten Sie als Hundehalter berücksichtigen. Große Hitze und Sonnenbaden am Strand sind für Hunde eher eine Belastung als eine Freude. Sie reagieren empfindlich auf die Hitze und können sogar einen Sonnenbrand bekommen. Für Schatten und ausreichend Trinkwasser muss gesorgt werden. Toben und Spielen in der Brandung macht Hunden dagegen sehr viel Spaß. Aber verhindern Sie, dass Ihr Hund Salzwasser trinkt, und nach einem Bad im Meer sollte das Fell ausgewaschen werden.

Manche Urlaubsträume sollten vielleicht doch besser ohne Hund erfüllt werden. Bei guter Vorbereitung und Gewöhnung klappt das auch prima mit einer Tierpension oder einem Hundefreund aus der Familie oder dem Freundeskreis.

Die Transportbox ist auch eine sichere Schlafhöhle bei der Reise.

Hundepensionen und Hundesitter

Sein Tier frühzeitig an eine Hundepension oder einen Hundesitter zu gewöhnen, hat vor allem einen großen Vorteil: Unabhängigkeit. Nicht selten haben gerade Familienangehörige Angst, als Hundesitter einspringen zu müssen, wenn der Halter abwesend ist. In Pfötchenhotels weiß man seinen Hund professionell versorgt und muss nicht die Menschen seiner Umgebung darum bitten. Die Tagesbetreuungen und Hundepensionen haben gesetzliche Voraussetzungen zu erfüllen; so muss eine Erlaubnis nach § 11 Abs. 2 Nr. 1 Tierschutzgesetz (TierSchG) vorliegen. Auch veterinärmedizinische Standards müssen erfüllt sein.

Am ehesten kann man sich noch auf Empfehlungen von Menschen verlassen, die bereits persönliche Erfahrungen mit dieser oder jener Tierpension gemacht haben. Fragen Sie andere Tierbesitzer beim täglichen Spaziergang oder Ihren Tierarzt.

Schauen Sie sich dann die Pension Ihrer Wahl auf jeden Fall genau an. Achten Sie auf die Sauberkeit und ob ausreichend Platz und Belüftung der Einrichtung vorhanden ist, aber auch auf die

Ideal ist es, wenn sich Ihr Hund mit seinen Artgenossen versteht.

Einstellung und Kompetenz des Personals. Stellen Sie Fragen nach dem Tagesablauf der Hunde, wie viel Bewegung sie bekommen, ob sie einzeln oder in Gruppen Gassi gehen. Merken Sie sich auch, ob an Sie Fragen nach den Gewohnheiten oder Besonderheiten des Hundes gerichtet werden, zum Beispiel ob er Medikamente oder ein spezielles Futter braucht, welche Ängste oder Lieblingsbeschäftigung der Hund hat. Der erste Eindruck zählt: Machen die anderen Tiere einen zufriedenen und stressfreien Eindruck bei Ihrer Besichtigung?

Auf Nummer sicher gehen Sie, wenn Sie Ihren Hund vorab schon mal für einen Tag oder ein Wochenende dort unterbringen. An seiner Reaktion sehen Sie, wie es ihm dort ergangen ist und ob er sich wohl gefühlt hat. Das ist gleichzeitig eine gute Übung, wenn das Tier für ein paar Tage länger untergebracht werden muss. Kennt Ihr Hund bereits die Umgebung und verbindet sie mit positiven Erlebnissen, fällt ihm der Abschied von Ihnen nicht so schwer. Er freut sich im Gegenteil auf eine tolle Zeit inklusive Spiel und Spaß mit anderen Hunden. Für Ihren Hund kann das auch ein vollwertiger Urlaub sein.

Ein Hundesitter ist eine gute Lösung, vor allem bei kurzfristiger Abwesenheit. Für ein paar Stunden oder übers Wochenende kann ein Hundesitter das Tier zu sich in Pflege nehmen oder er kommt mehrmals am Tag zu Ihnen ins Haus und kümmert sich um den Hund. Das hätte sogar den Vorteil, dass er während Ihres Urlaubs die Post reinholen und die Pflanzen versorgen kann.

Diese Arrangements treffen Sie individuell. Manche Hundesitter haben Hol- und Bringdienste. Wie bei den Tierpensionen gilt aber auch hier: vorher genau prüfen. Haben Sie jemanden gefunden, so solle er eingeladen werden, möglichst nicht nur einmal. Der Sitter muss den Hund kennenlernen und Sie sollten auch Vertrauen zu dem zukünftigen Hundesitter aufbauen. Beobachten Sie, wie Ihr Hund auf den Besuch reagiert. Diese Treffen sollten mehrmals wiederholt werden, damit der Hund Zutrauen fassen kann und freiwillig mit dem Betreuer mitgeht.

REISEVORBEREITUNGEN

Mit der ausgewählten Hundepension sollte Folgendes festgelegt werden:

- *Datum der An- und Abreise*
- *eine schriftliche Vereinbarung oder ein Vertrag*
- *Merkblatt mit wichtigen Informationen zu dem Hund (Vorlieben, Abneigungen, Krankheiten, Futtergewohnheiten)*
- *Impfpass, ggf. Gesundheitszeugnis, Versicherungsunterlagen*
- *eine Notrufliste mit Adressen und Telefonnummern, unter denen Sie oder andere Ansprechpartner erreichbar sind*

Auch für den Hund muss ein Koffer gepackt werden:

- *Vorrat an Futter, wenn der Hund Spezialfutter bekommt*
- *Medikamente bei chronisch kranken Tieren*
- *Leine, Halsband, Geschirr, Maulkorb*
- *Spielzeug, Kauknochen, Kong*
- *Lieblingsdecke oder Körbchen*
- *ein getragenes Kleidungsstück von Ihnen*

Mit dem Hund können Sie schon frühzeitig üben, dass er sich auch mal von anderen Personen ausführen lässt. Selbst wenn es aktuell keinen Grund gibt, lassen Sie Ihren Hund doch mal von einem vertrauten, netten Menschen zum Gassi ausführen oder stundenweise betreuen. Wenn der Hund gelernt hat, dass er danach wieder mit Ihnen zusammenkommt, ist es leichter, ihn anderen Betreuern anzuvertrauen.

Wie Hundepensionen muss auch ein Hundesitter mit allen notwendigen Informationen und Nachweisen versorgt werden, wie Anschriften und Telefon Ihres Urlaubsortes und des Tierarztes, Impfnachweis und Haftpflichtversicherung.

Der Hundesitter sollte die Gewohnheiten des Tieres möglichst beibehalten, das heißt feste Gassi- und Fütterungszeiten. Man findet Hundesitter oft in Kleinanzeigen von Wochenzeitungen oder als Aushänge bei Tierärzten und im Tierfutterhandel.

Hunde im Seniorenheim

Die Entscheidung, einen altersgerechten Wohnsitz zu wählen, wird oft gründlicher durchdacht, als die, sich einen Hund anzuschaffen. In den meisten Fällen hat man bereits einen Hund und die Notwendigkeit eines Umzugs ergibt sich aus der nachlassenden Kraft und Mobilität. Auf die vierbeinige Gesellschaft will man dabei aber nicht verzichten – und muss man heute auch nicht. Immer mehr Seniorenheime nehmen Tiere mit auf. Über das Internet ist es leicht herauszufinden, welche Heimstätte eine Tierhaltung gestattet.

Mit dem eigenen Hund ins Altenheim

„Nicht ohne meinen Hund." Was in den 1980er-Jahren noch Neuland war, ist für viele Alten- und Pflegeheime heute selbstverständlich: die Tierhaltung im Heim, entweder als private Hunde- und Katzenhaltung oder für Besuchs- und Therapiehunde.

Der Umzug in ein Altenheim ist ein einschneidendes Erlebnis, ein Bruch mit dem bisherigen Leben und Gewohnheiten. Der Mensch trennt sich von seiner Wohnung und Nachbarschaft, einem Großteil seiner Möbel und gewohnten Umgebung.

Die Mitnahme des geliebten Tieres ist für seinen Halter oft der einzige Trost. In der neuen und fremden Umgebung ist es

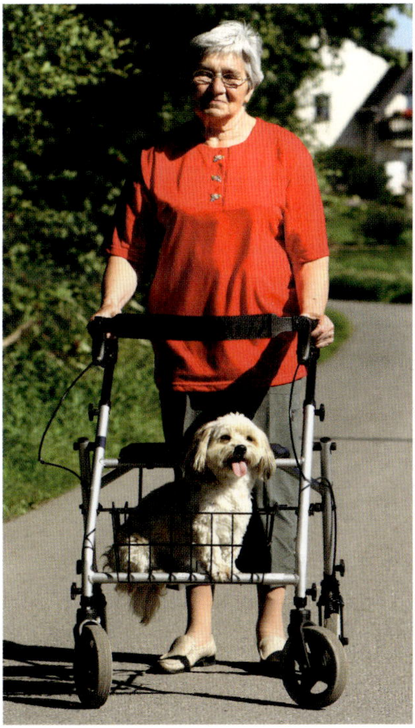

Die Neue mit dem süßen kleinen Hund.

eine Stütze und auch ein Türöffner in der Zeit der Eingewöhnung. Es ist leichter, mit den neuen Nachbarn über den Hund ins Gespräch zu kommen. So erleichtert die Gesellschaft eines kleinen Tieres nicht nur die Zeit der Eingewöhnung, sondern auch die Kontaktaufnahme im neuen Umfeld.

Hunde in Seniorenheimen sind heute umso willkommener, weil sich inzwischen gezeigt hat, dass entgegen allen Befürchtungen die Arbeit für das Heimpersonal dadurch nicht mehr wird, sondern im Gegenteil sogar leichter. In den oft chronisch unterbesetzten Heimen haben Pflegerinnen und Pfleger kaum mehr die Zeit für einen Plausch mit jedem Bewohner. Die so wichtige soziale Interaktion wird auf das kürzest mögliche Maß reduziert, weil ansonsten die eigentliche Pflegearbeit nicht zu schaffen ist.

Der Hund dagegen steht Tag und Nacht als Ansprechpartner zur Verfügung und schenkt seinem Menschen Zeit und neuen Lebensmut. Die Betreuer stellen sogar eine Erleichterung der Arbeitslast fest. Oft ist das Klingeln nach der Schwester mehr ein Ruf nach Abwechslung, Gesellschaft und Ansprache als einer tatsächlichen Hilfestellung.

Mit Hunden, so hat es sich gezeigt, herrscht im Heim eine positive Grundstimmung und eine verbesserte Interaktion. Welche Bedeutung das Zusammenleben mit einem Hund auf das seelische Gleichgewicht und die körperliche Gesundheit hat, wurde schon ein paar Kapitel zuvor erläutert. Hier möchte ich vor allem auf den positiven Einfluss eines Hundes im Heimleben hinweisen.

Wir wissen mit dem Verstand, dass Einsamkeit krank macht. Und doch sind wir kaum fähig nachzuempfinden, was das für das tägliche Leben bedeutet. Der ältere Mensch im Heim hat weniger Möglichkeiten an Ablenkung und Beschäftigung als zu seinen jungen und beruflich aktiven Zeiten. Er sitzt auf seinem Zimmer und starrt einfach vor sich hin – langweilige Tage, in denen allein die Mahlzeiten ein wenig Abwechslung bringen. Oft sind Depressionen die Folge.

Wir wollen nie mehr auseinandergehen.

Das Zimmer oder Appartement ist mit einem Vierbeiner dagegen sofort mit Leben gefüllt. Der Mensch hat etwas zu tun, er muss sich um das Tierchen kümmern, sich mit ihm unterhalten, sein Fell kämmen, es füttern, mit ihm hinaus zum Gassigehen. Das gibt dem Tag wieder Struktur und Inhalt.

Vor einem Umzug in einen Alterssitz sollten daher die Voraussetzungen von beiden Seiten, Hundehalter und Heim, geprüft werden. Kleine bis mittelgroße Hunde werden von der Heimverwaltung eher gestattet als große Hunde. Bei ihnen besteht der Vorbehalt, dass gehbehinderte Senioren bei Kontakt zu Hunden Probleme bekommen könnten, auf den Beinen zu bleiben. Noch ein Argument mehr für kleine Hunderassen!

Der Hundehalter sollte in der Lage sein, allein für seinen Hund zu sorgen, und auch rüstig genug, um mit ihm regelmäßig Gassi zu gehen. Der Hund sollte wesensfest sein und freundlich zu anderen Personen. Im Seniorenheim leben mehr Menschen auf weniger Fläche zusammen, als es das Mensch-Hund-Gespann zuvor gewohnt war. Gegenseitige Rücksichtnahme ist da selbstverständlich.

Es muss auch eine Absprache mit dem Hundehalter getroffen werden für den Fall, dass es zu unerwartet störendem Verhalten des Hundes und Beschwerden seitens der Mitbewohner oder des Pflegepersonals kommt. So schwer es fällt, dann muss sich in einem solchen Fall der Besitzer von seinem Hund trennen.

Die Heimleitung sollte vor dem Einzug das Personal und die anderen Mitbewohner über den Neuzugang mit Hund informieren, um Überraschungen zu vermeiden. In der neuen Umgebung wird dem Hundehalter gezeigt, in welchen Bereichen sich der Hund bewegen darf und wo er keinen Zutritt hat. Das schließt auch die Bereiche von Mitbewohnern ein, die eine Allergie oder Aversion gegen Hunde haben.

Nach dem Einzug wird noch einmal die neue Wohnsituation geprüft, ob sie den hygienischen und hausordnungsgemäßen Bestimmungen genügt, wenn der Hund dort lebt. Mit mehr als 20

Jahren Erfahrungen im Zusammenleben von Menschen und Hunden in Seniorenheimen ist es heute erheblich einfacher geworden, seinen Hund mit in den Altersruhesitz zu nehmen. Die positiven Erfahrungen aus den Jahren haben den Zugang erleichtert.

Falls Sie für Ihren späteren Lebensabend ein Leben in einem Seniorenheim oder betreutem Wohnen in Erwägung ziehen, suchen Sie nach einem Haus, das Tierhaltung gestattet. Das wird die Entscheidung für einen notwendigen Umzug in einen neuen Lebensabschnitt um einiges erleichtern und Ihnen noch frohe und ausgefüllte Jahre bescheren.

Besuchs-, Therapie- und Streichelhunde

Auch ohne eigenen Hund kann man im Seniorenheim die Gesellschaft von Tieren genießen. Viele Einrichtungen bekommen regelmäßig Besuch von Besuchs- oder Therapiehunden. Das sind in der Regel mittelgroße Hunde, die mit ihrer Bezugsperson eine spezielle Ausbildung genossen haben. Die Größe des Hundes ist hierbei von Vorteil. Heimbewohner, die im Rollstuhl sitzen oder bettlägerig sind, können sich nicht nach kleinen Hunden bücken und sie hochheben. Und manche liegenden Patienten vertragen auch kein Gewicht auf ihrer Bettdecke. Hier ist der Hund sozusagen auf Augenhöhe.

Besuchshunde haben ein freundliches, geduldiges und gehorsames Wesen, das ihnen auch von Hundeexperten bescheinigt werden sollte. Sie müssen kontaktfreudig sein, ohne dabei stürmisch oder aufdringlich zu werden. Plötzliche Körperbewegungen, nicht alltägliche Verhaltensweisen oder fremde Gerüche dürfen den Hund weder irritieren, ablenken noch verunsichern.

Bei ihren Besuchen stehen sie bei ihrem Hundeführer konstant in der Unterordnung, das heißt, der Hund ist auf seinen Hundeführer konzentriert und gleichzeitig auf den Besuchten, der ihn gerade streichelt. Bei Bedarf muss der Hund sofort auf Kommando

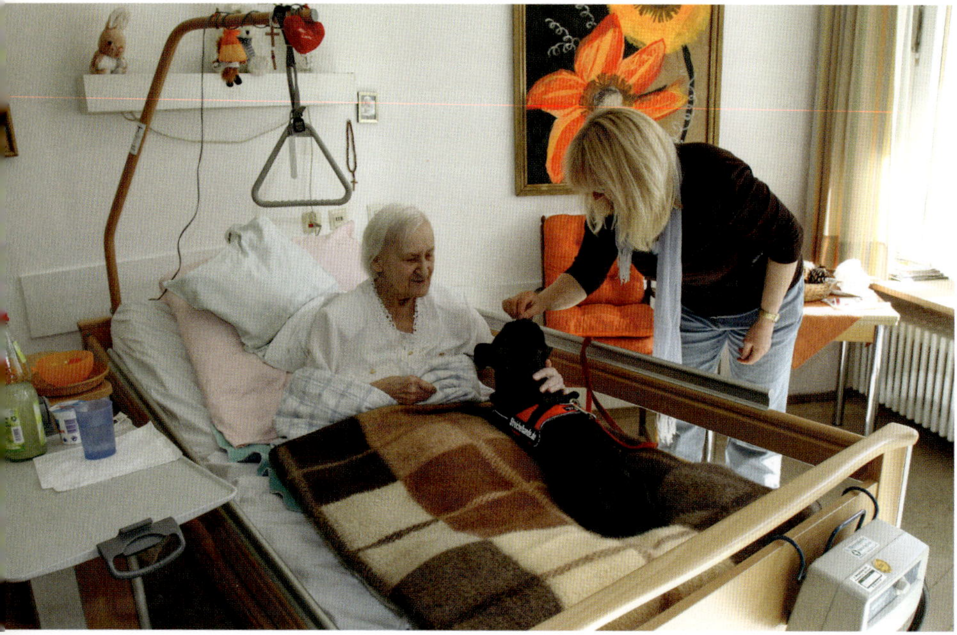

Besuchshunde sind eine liebenswerte Abwechslung im Altenheim.

reagieren. Das ist sehr anstrengend für den Hund. Daher sind solche Besuche meistens auf eine Stunde begrenzt.

Diese Mensch-Hunde-Teams sind in der Regel ehrenamtlich tätig und besuchen die Altenheime in ihrer Freizeit. Trotzdem müssen auch hierfür die gesetzlichen Vorschriften eingehalten werden und der Hund versichert sein sowie einen ausreichenden Impfschutz haben. Zu empfehlen ist auch neben der Tierhaftpflichteine eigens abgeschlossene Rechtsschutzversicherung.

Eingesetzt werden Besuchshunde im spielerischen Rahmen von kleinen Gruppen. Hier gehen sie von einem Senior zum nächsten und lassen sich da kraulen und dort mit Leckerlis verwöhnen. Aber auch Einzelbesuche bei bettlägerigen Patienten sind möglich. Bei diesen Besuchen zeigt sich besonders der positive Einfluss des Hundes auf den Menschen. Das Gesicht hellt sich auf, sobald der Patient den Hund erblickt oder mit der Hand sein Fell spürt.

Gerade im Kontakt mit demenziell erkrankten Patienten bewährt sich der Besuchshund. Hunde kommunizieren mit Menschen mehr auf der nonverbalen Ebene als auf der verbalen. Sie lesen anhand Körperhaltung, Geruch, Mimik und Gesten unsere Absichten deutlicher als durch das gesprochene Wort. Ein ausgebildeter Hund kann nur an Gesten und Augenkontakt erkennen, ob er sich einem an Alzheimer erkrankten Menschen nähern darf oder nicht. Geduld und Sanftmut sind die Haupttugenden solcher Hunde. Dann können sie auch auf einem unruhigen oder um sich schlagenden Patienten beruhigend und deeskalierend wirken. Das Streicheln des Fells wirkt entspannend auf den Patienten, lockt ihn für eine kurze Zeit aus seiner inneren Welt heraus und lässt ihn am Leben teilhaben.

Der Kontakt mit Hunden macht einfach Spaß. Er ist nicht künstlich und fördert noch vorhandene kognitive Fähigkeiten auf natürliche und spielerische Weise.

Streicheln ist eine sinnliche Erfahrung.

Wir haben noch einen langen gemeinsamen Weg vor uns.

Welche Rasse passt zum Alter?

Der perfekte Hund für den älter werdenden Menschen ist klein, leicht und erwachsen. So könnte die Kurzformel lauten für eine Suchbeschreibung. Damit sind wir wieder bei dem Thema, ob der Hund in fünfzehn Jahren noch immer zu Ihnen und Ihrem Fitnesszustand passt. Selbstverständlich haben Sie aber auch Ihre Vorlieben und Wünsche, die berücksichtigt werden wollen – und sollen.

Ob Sie Ihren Hund kurz- oder langhaarig mögen, lieber ein verschmustes Familienmitglied oder einen aktiven Sportpartner wollen – Sie finden für sich den passenden vierbeinigen Freund. Es muss nur dafür gesorgt werden, dass der Hund auch dann noch artgerecht gehalten und gepflegt werden kann, wenn die Körperkraft und Beweglichkeit langsam nachlassen.

Was macht eigentlich einen kleinen Hund aus? Hunderassen werden anhand ihrer Widerristhöhe in kleine, mittelgroße und große Hunde unterteilt. Die kleinen Hunderassen erreichen eine Höhe von maximal 40 Zentimetern.

Die nachfolgenden Rasseporträts beziehen sich vor allem auf die Gruppe der sogenannten Gesellschaftshunden, aber auch kleine Terrier, spitzartige Hunde oder bestimmte Jagd- und Hütehunde zählen dazu. Sie eignen sich am besten für ein gemeinsames Leben in den späten Jahren. Ihr Aktionsradius und Bewegungsdrang ist nicht so stark ausgeprägt wie bei mittelgroßen und großen Jagd-, Hüte- und Gebrauchshunden.

Bei der Auflistung habe ich weniger die typischen äußeren Merkmale, sondern eher das Wesen und den Charakter der Rassen im Fokus gehabt und warum diese oder jene Rasse so geeignet für Senioren ist und was sie so besonders macht. Hierbei handelt es sich nur um eine kleine Auswahl, wobei auch ähnliche oder verwandte Rassen kurz erwähnt werden. In Nachschlagewerken über die verschiedenen Hunderassen (siehe Literaturverzeichnis), im Internet oder bei den jeweiligen Züchtern finden Sie weitere und ausführlichere Informationen zu diesen kleinen Rassen.

Bichon Frisé

Dieser charmante kleine Schneeball ist ein Herzensbrecher mit Köpfchen – eine verspielte und quicklebendige Rasse, die liebend gern allerhand Kunststückchen lernt. Nicht umsonst waren Bichons über viele Jahrhunderte in Wanderzirkussen eingesetzt. Die kleinen Hunde laufen zur Hochform auf, wenn sie zeigen können, was alles in ihnen steckt. Das macht sie zu einem idealen Partner für den Hundesport wie Dog Dancing oder Agility.

Mit einer Größe von nur 25 bis 30 cm Schulterhöhe eignen sich Bichons sehr gut für kleinere Wohnungen. Ein großer Vorteil ist: Ein Bichon haart nicht und riecht nicht. Das macht ihn zu einem Favoriten für Allergiker und zum Liebling der Hausfrauen. Sein flauschiges Fell erfordert allerdings viel Pflege; regelmäßiges Bürsten ist Pflicht.

Bichon Frisé

Der Bichon Frisé ist einerseits ein Stubenhund, der es behaglich mag und sich liebend gern stundenlang streicheln lässt. Er will aber auch mal flitzen, zu viel Ruhe und Gemütlichkeit bringen ihn auf die Palme. Drei- bis viermal pro Tag sollten Sie mit dem kleinen Hund schon spazieren gehen. Dabei kann er ganz schön aufdrehen. Sein Besitzer muss ihn dann auch in seine Schranken verweisen können. Konsequent sollten Sie gegenüber der kleinen Persönlichkeit schon sein. Aber das gilt ja für jeden Hund.

Beim Bichon Frisé vereinigen sich Sanftheit und Temperament, Ruhe und Übermut. Es ist nicht schwierig, dem Kleinen gerecht zu werden. Spiele im Garten, lange Spaziergänge in der Natur, Kunststückchen im Haus und der Wechsel zwischen aktiven und Ruhephasen und Sie haben einen ausgeglichenen, treuen Gesellen. Ein Bichon ist sehr anhänglich und folgt seinem Menschen auf Schritt und Tritt. Er ist am glücklichsten, wenn ihn seine Menschen überallhin mitnehmen.

Schulterhöhe: 25 bis 30 cm
Gewicht: 3 bis 5 kg
Fell und Farben: bauschiges, weißes Fell
Pflegeaufwand: hoch, muss regelmäßig gekämmt werden

Der **Havaneser** zählt auch zu den Bichons, die sich alle durch die geringe Körpergröße und das weiße, seidige bis flauschige Fell auszeichnen. Die Vorfahren des Havaners stammten aus dem Mittelmeerraum und gelangten dann mit Seefahrern in die Karibik. Auf Kuba entwickelten sie sich als eigenständige Rasse weiter und erhielten daher auch diesen Namen.

Havaneser

Bologneser

Der **Bologneser** gehört auch zur Gruppe der Bichons und hat die gleichen Vorfahren wie der weiter unten beschriebene Malteser. Mit seinem munteren, freundlichen Wesen ist er auch der ideale Begleiter für ältere Menschen und ebenso für die Haltung in einer Stadtwohnung geeignet.

Als farbige Variante des Bolognesers kann der **Bolonka Zwetna** angesehen werden. Bei ihm sind alle Farben außer Weiß erlaubt.

Wie seine Verwandten ist er mit 25 bis 30 cm Schulterhöhe ein echtes Leichtgewicht.

Bolonka Zwetna

Boston Terrier

Obwohl es der Name vermuten lässt, gehört der Boston Terrier offiziell nicht zu den Terriern, sondern zu den doggenartigen Hunden. Die Benennung ist auf die Stadt Boston in den USA zurückzuführen, wo der kleine, kompakte Hund in den 1870er-Jahren auf Basis der Englischen Bulldogge und des weißen Englischen Terriers gezüchtet wurde.

Der Boston Terrier ist sensibel und freundlich zu jedermann, ein völlig unkomplizierter kleiner Kerl. Damit ist er auch gut als Anfängerhund geeignet; er passt sich mit seiner Cleverness und Sensibilität überall an. Er ist wachsam, aber kein Kläffer, selbstbewusst mit starkem Bezug auf seinen Menschen und sein Heim, aber freundlich zu anderen Menschen.

Große Wanderungen macht er ebenso gern mit wie auch kurze Stadtspaziergänge im Schlenderschritt. Es darf allerdings nicht regnen; das findet er blöd und bleibt dann lieber im Warmen. Ein großer Vorteil ist seine fehlende Jagdleidenschaft.

Er kann aber auch sehr eigensinnig und stur sein, hört nicht immer und kann quengeln wie ein kleines Kind, wenn er sich etwas in den Kopf gesetzt hat. Boston Terrier machen viel Schabernack, haben aber Charme ohne Ende und einfach unwiderstehliche Augen. Sie wickeln einen dermaßen um den Finger, dass man ihnen nicht wirklich böse sein kann.

Anderen Hunden gegenüber ist der Boston Terrier ein fröhlicher Spielkamerad, weiß sich aber bei Angriffen auch geschickt zu verteidigen. Seine Sensibilität macht ihn zu einem sehr anpassungsfähigen Hund.

Schulterhöhe: 38 bis 43 cm
Gewicht: 4,5 bis 11,5 kg
Fell und Farben: kurzes, glattes Fell; schwarz, gestromt oder seal mit weißer Zeichnung
Pflegeaufwand: gering

Boston Terrier

Cairn Terrier

Der Cairn Terrier eignet sich gut für sportliche Senioren wegen seiner Ausdauer bei stundenlangen Spaziergängen. Er ist aber kein Anfängerhund. Er braucht eine konsequente Führung.

Der Cairn Terrier macht einen aktiven, selbstsicheren und robusten Eindruck, ohne aggressiv zu wirken. Er ist bewegungsfreudig, furchtlos, verspielt und wachsam. Legendär ist seine Leidenschaft zum Buddeln. Wer also seinen gepflegten Garten liebt, hat mit einem Cairn Terrier den falschen Hund. Die Hunde sind gute Wächter, ohne hektisch und nervös zu werden. Ungewöhnliche Umstände melden sie mit lautem Bellen, sie sind aber keine Dauerkläffer.

Cairn Terrier haben einen ausgeprägten Hang zur Selbstständigkeit und sind leider auch begeisterte Jäger. Beim Spaziergang

Cairn Terrier

sollte man sie besser an der Leine halten. Auf der anderen Seite sind sie treu und anhänglich. Und der kleine Knirps wird Sie auch furchtlos und mutig verteidigen. Terriertypische Charaktereigenschaften sind seine Sturheit, aber auch die bedingungslose Liebe zu seiner Familie. Er genießt die Gesellschaft seiner Menschen und möchte überall dabei sein. Zu Hause ist er ruhig und verschmust.

Der Cairn Terrier haart nicht, das abgestorbene Fell sollte aber regelmäßig entfernt werden und bei Bedarf muss der Hund auch mal geschoren werden.

Schulterhöhe: 28 bis 31 cm
Gewicht: 6 bis 7,5 kg
Fell und Farbe: wetterfestes, harsches Deckhaar mit Unterwolle; weizenfarben, rot, grau oder fast schwarz; eine Stromung ist zugelassen
Pflegeaufwand: mittel, ab und zu bürsten

Cavalier King Charles Spaniel

Der anmutige kleine Hund ist ein Herzensbrecher. Diese liebenswerte und nicht alltägliche Rasse hat eine sehr lange Tradition. Im Mittelalter war der kleine Spaniel ein bevorzugter Hund der Aristokratie und ist noch auf vielen Gemälden aus der Zeit zu sehen. Der Cavalier King Charles ist ein sehr anpassungsfähiger Hund, er fühlt sich bei älteren Menschen ebenso wohl wie bei sportbegeisterten oder Familien mit Kindern.

Er hat ein fröhliches und liebevolles Wesen, ist furchtlos, ohne streitbar zu sein, und hat keinerlei Neigung zu Nervosität. Dazu ist er sehr ruhig und kläfft nicht. Das macht ihn zu einem angenehmen Wohnungsgenossen. Besucher werden von ihm freundlich begrüßt und regelrecht „angemacht". Seine Größe und sein heiteres Wesen machen ihn für einen Hundeanfänger zum idealen Hund.

Cavalier King Charles Spaniel

Seine große Leidenschaft sind lange Spaziergänge und das Herumtollen mit Artgenossen. Auch als Begleiter beim Joggen und im Hundesport ist er ausdauernd und begeistert bei der Sache. Aufgrund seines sanften Wesens und des streichweichen Fells wird der Cavalier King Charles sehr gern als Therapiehund eingesetzt. Um das seidig weiche Fell zu erhalten, sollte er aber jeden Tag gekämmt werden.

Schulterhöhe: 31 bis 33 cm
Gewicht: 5,5 bis 8 kg
Fell und Farbe: langes und seidiges Haar, gewellt ohne Locken; verschiedene Farben, überwiegend auf Weiß
Pflegeaufwand: hoch, tägliches Kämmen

Nicht verwechselt werden sollte diese Rasse mit dem sehr ähnlichen **King Charles Spaniel**. Hierbei handelt es sich um den Vorfahren des Cavalier King Charles Spaniel. Die Hunde sind mit höchstens 30 cm kleiner und werden bei uns nur selten gezüchtet.

Chihuahua

Der Chihuahua ist ein flinker, lebhafter Zwerg, der glaubt, er sei ein Löwe. Sein Mut – und oft Selbstüberschätzung – ist sagenhaft für so einen kleinen Hund. Auf Geräusche schlägt er sofort an und fängt an zu bellen. Er ist sehr lernbegierig, anhänglich, temperamentvoll, neugierig und aufmerksam. Kraft und Robustheit, Treue und eine starke Anhänglichkeit an seinen Menschen zeichnen ihn aus. Seine Familie ist für ihn sein Leben. Er folgt seinem Herrn auf Schritt und Tritt und setzt alles daran, seine Aufmerksamkeit zu erregen – sowohl durch Kunststückchen und nicht wenig Schabernack.

Aber am liebsten kuschelt er sich auf den Schoß oder ins Bett seines menschlichen Partners. Der sensible Mini nimmt jede Seelenregung mit feinem Gespür wahr und reagiert darauf. Dabei ist der Chihuahua kein eigentliches Schoßhündchen oder Stubenhocker. Das Kerlchen hat sich noch sehr viele natürliche Eigenschaften bewahrt, so sein erhalten gebliebener Jagdinstinkt oder die Gewohnheit, übrig gebliebenes Futter oder Knabberstücke für „schlechte Zeiten“ zu vergraben.

Chihuahua

Trotz seiner geringen Größe ist der Chihuahua sehr robust und wenig krankheitsanfällig, 17 Jahre und mehr kann er alt werden. Was der kleine Hund nicht mag, ist Kälte. Er hat es gern warm und mollig.

Mit seiner geringen Größe ist er sehr gut auch für kleinere Wohnungen oder Appartements geeignet. Aber als abenteuerlustiger Hund spielt er sehr gern und braucht abwechslungsreiche Beschäftigung.

Schulterhöhe: 15 bis 22 cm
Gewicht: 1,5 bis 3 kg
Fell und Farben: kurz- oder langhaarig; alle Farbkombinationen
Pflegeaufwand: gering

Cocker Spaniel

Der Englische Cocker Spaniel ist eine ursprüngliche Jagdhunderasse; seine Vorliebe gilt dem Wühlen und Stöbern. Cocker Spaniel werden bei der Jagd vor allem als Stöber- und Apportierhunde meistens für Feder- und Niederwild eingesetzt. Sie sind darin sehr ausdauernd und schrecken auch vor dichtem und unwegsamem Gelände nicht zurück. Das sollte man vor einer Anschaffung be-

Englischer Cocker Spaniel

denken. Im freien Gelände und Wald wäre es daher besser, ihn nicht von der Leine zu lassen.

Diese robusten Hunde haben ein aktives, schon beinahe quirliges und anhängliches Wesen. Sie zeigen ihre gute Laune gern mit einer heftig wedelnden Rute. Cocker Spaniel sind sehr wachsam und bellen gern. Das könnte bei Mietwohnungen unter Umständen zu Problemen führen.

Wenn der Cocker Spaniel nicht jagdlich geführt wird, sollte man Hundesportarten mit ihm machen, die seine Leidenschaft für das Fährtensuchen befriedigen und ihn geistig fordern. Mit anderen Hunden ist er gut verträglich und verspielt.

Mit Leckerlis sollte man sich beim Cocker Spaniel zurückhalten, denn seine Gefräßigkeit ist legendär und er neigt schnell zum Übergewicht. Die Fellpflege ist weniger aufwendig, als es zunächst den Anschein hat. In der Regel genügt es, den Hund einmal pro Woche ausgiebig zu bürsten.

Schulterhöhe: 38 bis 41 cm
Gewicht: 12 bis 14,5 kg
Fell und Farben: glatt und seidig, leicht wellig; alle Farbkombinationen
Pflegeaufwand: mittel, einmal pro Woche bürsten

American Cocker Spaniel

Der **American Cocker Spaniel** ist ein direkter Abkömmling vom Englischen Cocker Spaniel. Bei ihm ist der Jagdtrieb nicht mehr so stark ausgeprägt, sondern hier wurde bei der Zucht mehr auf das freundliche Wesen und das elegante Erscheinungsbild Wert gelegt. Daher ist er auch wunderbar für ältere Menschen geeignet.

Dackel

Alle Dackel sind kurzläufig, langgestreckt und kompakt gebaut mit einer athletischen Figur. Der Charakter leitet sich aus ihrer Herkunft ab. Ursprünglich wurde der Dackel gezüchtet, um unter der Erde Tiere wie den Dachs zu jagen. Daher stammt auch heute noch sein mutiges, selbstbewusstes, entscheidungsfreudiges und kämpferisches Wesen. Gegen seinen Sturkopf hilft nur eine konsequente Führung, sonst kann er sich zum Tyrannen entwickeln. Er betätigt sich auch gern als „Erdferkel“ und buddelt am liebsten ein wenig den Garten um.

Dackel sind gutmütige Hunde, benötigen aber doch einen gewissen Freiraum. Unübertroffen ist der legendäre Dackelblick, darin ist ein Dackel ein ganz großer Mime. Sein schauspielerisches Können setzt er jederzeit ein, um Verzeihung zu erlangen oder seine Ziele zu erreichen.

Kaninchendackel

Für eine abwechslungsreiche Beschäftigung sollten Sie sorgen, sonst wird er launisch und selbst auf die Suche gehen, oft zum Nachteil von Blumenbeeten oder Schuhen. Allerdings ist Hundesport nur eingeschränkt möglich wegen seines wenig belastbaren lang gestreckten Rückens.

Beim Dackel unterscheidet man drei Größen: den Normalschlag, den Zwergdackel und den kleinsten Schlag, den Kaninchendackel. Im Gegensatz zu seinen großen Brüdern sind beim Kaninchendackel der Jagdinstinkt und das Draufgängertum nicht ganz so ausgeprägt. Der kleine Dackel ist zarter besaitet. Damit ist er aber auch leichter zu handhaben. Er ist ein lernfreudiger und temperamentvoller kleiner Hund. Sein Bewegungsbedürfnis ist nicht allzu groß, aber er sollte zum Beispiel mit Suchspielen auch geistig gefordert werden. Baden und planschen in Gewässern gehören zu seinen liebsten Beschäftigungen.

Schulterhöhe: 18 bis 27 cm
Gewicht: 3,5 bis 3,8 kg
Fell und Farben: kurz-, rau- oder langhaarig; einfarbig rot, rotgelb oder rot, zweifarbig mit dunkler Grundfarbe (schwarz, rotbraun) und roten bis gelben Abzeichen
Pflegeaufwand: mittel

Jack Russel Terrier

Mit einem Jack Russel Terrier kommt Leben in die Bude. Als Arbeitstier für die Jagd gezüchtet hat der kompakte Kleinhund vor allem eines: Power ohne Ende. Er ist furchtlos, temperamentvoll und sehr aufmerksam. Der Jack Russel hat eine Menge Energie und braucht einen aktiven Menschen, der viel mit ihm unternimmt. Lange Spaziergänge, Hundesport und Beschäftigungen, die ihn geistig fordern, sind jeden Tag einzuplanen. Unterforderte und gelangweilte Terrier

Jack Russell Terrier

treiben gern Unsinn und neigen zu Unruhe oder Aggression, die sie auch an den Möbeln oder im Garten auslassen können. Der Jack Russel ist Meister im Buddeln.

Dieser Terrier ist kein Anfängerhund. Sein ausgeprägtes Selbstbewusstsein und der terriertypische Dickschädel machen die Erziehung nicht einfach. Er braucht eine ruhige, bestimmte und starke Führung, sonst neigt er zur Dominanz. Seiner Familie gegenüber ist er extrem loyal. Der Jack Russel zeigt aber auch ein hohes Maß an Schutzverhalten, auch Artgenossen gegenüber. Er kann dabei sehr vehement werden.

Seinen Jagdtrieb sollten Sie von Anfang an in andere Bahnen lenken mit Agility, Flyball, Dog Dancing und andere Hundesportarten. Sie fordern den Hund nicht nur körperlich, sondern auch geistig. Auch Wasser liebt er über alles. Hat der kleine Hund überschüssige Energie abgebaut, ist es auch leichter, mit ihm Übungen zur Erziehung durchzuführen oder Kommandos zu trainieren. Körperlich und geistig ausgelastet ist der Jack Russel Terrier zu Hause ein ausgeglichener, familienfreundlicher Hund. Er ist zudem ein robuster, gesunder kleiner Kerl, der ein hohes Alter erreichen kann.

Schulterhöhe: 25 bis 30 cm
Gewicht: 5 bis 6 kg
Fell und Farben: kurz und glatt; weiß mit braunen und schwarzen Abzeichen
Pflegeaufwand: gering

Der **Parson Russell Terrier** ist mit bis zu 36 cm Höhe der hochläufige Bruder vom Jack Russell Terrier. Seit 2002 sind beide als getrennte Rassen anerkannt. Der Parson ist sehr selbstbewusst und agil und wird auch häufig als Reitbegleithund geschätzt.

Parson Russell Terrier

Ebenso wie der Parson Russell Terrier gehört auch der **Bedlington Terrier** zu den hochläufigen Terriern. Aufgrund seines weichen, lockigen Fells erinnert er im Aussehen etwas an ein Schäfchen und wird daher oft falsch eingeschätzt. Die angenehmen Hunde haaren nicht, sind heute leider aber recht selten geworden. Sie sind durchaus für ältere Menschen geeignet.

Etwas mehr in Mode gekommen sind dagegen die **Border Terrier**, die mit ihrem Gewicht unter 7 kg und ihrem ausgeglichenen Wesen im wahrsten Sinne des Wortes leicht zu erziehen sind und daher eher zu den leichtführigen Terrier-Rassen gehören.

Der hochläufige **Fox Terrier** wird in zwei Varianten gezüchtet: Drahthaar und Glatthaar. Die glatthaarigen Fox Terrier werden hauptsächlich jagdlich geführt, die drahthaarigen Vettern auch häufig als reine Familienhunde gehalten. Sie gehören eher zu den aktiven Hunderassen, die viel Beschäftigung und eine konsequente Erziehung benötigen.

Glatthaariger Fox Terrier

Kromfohrländer

Kromfohrländer

Der Kromfohrländer ist ein typischer Ein-Mann-Hund, ideal für alleinstehende Senioren. Auf diesen einen Menschen konzentriert er seine ganze Liebe und Aufmerksamkeit. In einer Familie stehen die anderen Mitglieder meistens dahinter an. Das zeigt sich auch im Verhalten Fremden gegenüber, denen er sehr reserviert begegnet und von denen er sich nur ungern oder gar nicht anfassen lässt. Der Kromfohrländer ist auch ein guter Wachhund; er bellt gern bei kleinsten Bewegungen auf seinem Territorium.

Dieser charmante Hund muss von der ersten Minute an konsequent und mit Ruhe erzogen werden. Wird der Kromfohrländer verwöhnt oder inkonsequent erzogen, neigt er schnell zu Dominanz. An der Leine und auf eigenem Grundstück kann er sich schon manchmal zum Größenwahn versteigen. Erziehungsfehler vergisst bzw. verzeiht er nicht! Der Kromfohrländer ist keine sehr einfache Hunderasse, aber bei einfühlsamer und liebevoll konsequenter Vorgehensweise ist er ein toller Allround-Hund, sehr lernfreudig, anhänglich und verschmust.

Er ist kein Hund für Stubenhocker, sondern hat ein großes Lauf- und Springbedürfnis. Damit eignet er sich für alle Hundesportarten hervorragend. Der hübsche Kerl ist ein ausdauernder Spaziergänger und Läufer und entfernt sich selten mehr als hundert Meter von seinem Menschen. Sein Jagdtrieb tendiert gegen null.

Den Kromfohrländer gibt es in zwei Varietäten: Rauhaar und Glatthaar. Das Fell ist weiß mit braunen Abzeichen. Typisch sind die weiße Blesse und die Kippohren auf dem hübschen Köpfchen.

Schulterhöhe: 38 bis 46 cm
Gewicht: 9 bis 16 kg
Fell und Farben: rau- oder glatthaarig; weiß mit hell- bis dunkelbraunen Flecken
Pflegeaufwand: mittel

Löwchen

Das Löwchen zählt auch zu den Bichons; er ist ein „Bichon petit chien-lion“ aus dem französisch-belgischen Raum. Mit seiner typischen Schur hat er das Aussehen eines Miniatur-Löwen. Doch verbirgt er unter seine Mähne eine schlanke Figur. Er nimmt nur wenig Platz ein und ist besonders geeignet für kleine Wohnverhältnisse.

Löwchen sind in der Regel leichter zu erziehen als viele andere Rassen. Der kleine Hund ist lebhaft, ohne dabei ein Kläffer zu sein. Dennoch ist er sehr wachsam und kann bei Gefahr eindrucksvoll bellen. Er ist bei Bedarf sehr ruhig und diskret. Das macht ihn und seinen Besitzer zu angenehmen Nachbarn.

Das Löwchen ist ein sehr anhänglicher, verschmuster und zärtlicher Geselle, folgsam und aufmerksam seinem Menschen gegenüber. Er lässt sich nach Herzenslust streicheln und verwöhnen, aber er ist nach wie vor ein Hund. Das zeigt sich vor allem draußen, wenn er jedem Wetter trotzt und Sie trotz Dauerregen zum Spazierengehen drängt.

Löwchen sind leicht zu erziehen, aber man sollte einmal gelernte Regeln konsequent beibehalten. Sein scharfer Verstand und großes Selbstvertrauen bringen ihn schon mal in Versuchung, das Kommando zu übernehmen. Er lernt sehr schnell kleine Kunststücke oder Servicedienste, wie Pantoffeln, Zeitung oder das Handy zu holen, und freut sich dann über die Komplimente und Streicheleinheiten.

Sein Fell sollte mindestens einmal in der Woche gut durchgebürstet werden. Wer die Löwenschur nicht mag, lässt das Haarkleid in seiner natürlichen Form.

Schulterhöhe: 26 bis 32 cm
Gewicht: ungefähr 6 kg
Fell und Farben: lang, gewellt, ohne Unterwolle; alle Farben
Pflegeaufwand: mittel bis hoch, typisch ist die Löwenschur

Löwchen mit der rassetypischen Schur

Malteser

Der schneeweiße kleine Malteser schaut einen aus großen Knopfaugen treuherzig an. Er hängt sehr an seiner Bezugsperson und folgt ihr überall hin – wirklich überall!

Malteser sind sehr lebhafte und verspielte Hunde, die einen Senior mit Energie und Spieltrieb brauchen. Lange Spaziergänge sind nicht ihr Ding, aber sie rennen und toben leidenschaftliche gern herum. Dann sind sie ausgeglichen und ruhig. Der Malteser neigt nicht zum übermäßigen Kläffen, schlägt aber bei unbekannten Geräuschen schnell an.

Er ist sehr aufgeweckt, munter und unternehmungslustig und macht gern Reisen mit. Sein großes Selbstbewusstsein lässt ihn größeren Hunden gegenüber auch schon mal anmaßend sein. Für die geringe Größe kann er recht aggressiv sein. Mit einer guten Sozialisation zum Beispiel in einer Hundeschule kann man dem vorbeugen.

Malteser

Der Malteser gilt als einer der ältesten Kleinhunderassen der Welt; er war schon in der Zeit der Römer bekannt. Sein heutiges Aussehen hat er aber erst seit gut hundert Jahren. Das weiße Fell des Maltesers ist meistens sehr lang und braucht eine regelmäßige Pflege mit ausgiebigem Bürsten.

Schulterhöhe: 20 bis 25 cm
Gewicht: 3 bis 4 kg
Fell und Farben: lang; weiß
Pflegeaufwand: hoch, tägliches Bürsten

Seit einigen Jahren ist eine Mischung aus Pudel und Malteser im Kommen. Der sogenannte **Maltipoo** vereinigt aufs Beste die spielerische Unbekümmertheit eines Pudels mit der unerschrockenen Robustheit des Maltesers. Maltipoos sind ausgeglichen, sanft und fröhlich. Sie neigen nicht zum Bellen und es fehlt ihnen der Jagdtrieb. Von großem Vorteil bei den Maltipoos, vor allem für Allergiker, ist der geringe Eigengeruch und dass sie wenig Haare verlieren.

Es gibt auch noch eine Reihe von anderen Pudel-Mischungen, bei denen vor allem angestrebt wurde, dass sie das Pudelfell erben und somit kaum oder gar nicht haaren. Bei allen diesen Hunden sollte man aber trotzdem kritisch auf die anderen Wesensmerkmale achten, bevor man sich für so einen Hund entscheidet. Denn es können auch durchaus negative Merkmale durch solche Kreuzungen vererbt werden und zum Tragen kommen.

Mops

Von Loriot ist das Zitat überliefert: „Ein Leben ohne Mops ist möglich, aber sinnlos." Dass sich der Mops mit keinem anderen Hund vergleichen lässt, liegt nicht nur an seinem drolligen Aussehen. Er hat einen rundlichen Kopf mit einer kurzen Schnauze und leicht hervorstehenden Augen und entspricht damit dem uns anrühren-

Mops

den Kindchenschema. Die tollpatschigen Bewegungen seines untersetzten Körpers verstärken noch diesen Effekt.

Diese Hunderasse war bereits vor 2000 Jahren im alten China bekannt. Sie gehört zu den Molossern und ist mit der Dogge verwandt, auch wenn das die Größe nicht vermuten lässt. Der Mops vereinigt viel Masse auf sehr wenig Raum, sein quadratischer Körper wirkt dadurch immer straff und gedrungen. Aufpassen muss man bei ihm mit der Zugabe von Leckerlis, denn er kann schnell rundlich werden. Dann wird aus dem Mops ein Moppel.

Charme und Würde sind seine hervorstechendsten Charaktereigenschaften. Der Mops ist extrem gelassen und geduldig in Gegenwart von Kindern und anderen Tieren. Dabei zeigt er sich fröhlich und aufgeweckt. Zu seinen Bezugspersonen ist er verschmust und anhänglich. Er möchte gern überall dabei sein, ohne sich in den Vordergrund zu drängen, wie es viele andere Hunderassen tun. Sein sensibles Wesen lässt ihn auf jede Art von Stimmungsschwankungen sofort reagieren. Daher wird der Mops auch viel als Therapiehund eingesetzt.

Lange Spaziergänge stoßen bei dem Mops auf kein Interesse, sein Bewegungsdrang ist überschaubar. Er eignet sich auch kaum für den Hundesport. Dafür spielt er sehr gern mit Ihnen in der Wohnung.

Der kompakte kleine Kerl gibt häufig grunzende Laute von sich, was sich beim Schlafen auch durch Schnarchen äußern kann. Hervorgerufen wird dies durch seine verkürzte Nase, die den Luftkanal einengt. Diese extrem kurze Nase kann aber auch zu Gesundheitsproblemen, besonders bei warmen Temperaturen, führen. Glücklicherweise gibt es aber heute verantwortungsvolle Züchter, die den Mops wieder wie früher mit einer etwas längeren Schnauze züchten und damit zur besseren Gesundheit beitragen. Darauf sollte man bei der Auswahl des Hundes auf alle Fälle achten.

Bei den vorstehenden Augen besteht auch die Gefahr von Entzündungen, die auf alle Fälle rechtzeitig behandelt werden müssen. Möpse haaren sehr stark, ein häufiges Bürsten ist daher notwendig.

Schulterhöhe: bis 32 cm
Gewicht: 6 bis 8 kg
Fell und Farben: kurz und glatt; falbfarben, schwarz, silber, apricot
Pflegeaufwand: relativ hoch, regelmäßig bürsten

Papillon und Phaléne

Nur einen Kopf größer als eine Katze, aber Power wie ein großer Hund – das sind die Kontinentalen Zwergspaniel, zu denen der Papillon und der Phaléne gehören. Der Phaléne ist zwar die ursprüngliche Varietät dieser Zwergspaniel, ist heute aber wesentlich seltener anzutreffen als der Papillon.

Diese Hunde sind lebhaft, haben einen großen Bewegungsdrang und spielen für ihr Leben gern. Sie sind fröhlich und für jeden Spaß zu haben, aber auch sehr clever und durchschauen ihre Besitzer schnell. Eine konsequente Erziehung ist jedenfalls vonnöten.

Auch so prominente Besitzer wie die Marquise de Pompadour und Marie Antoinette hatten solch einen zauberhaften kleinen Hund. Auf vielen Gemälden von Tizian, Rubens und Goya ist er zu sehen.

Phalénes und Papillons sind sich sehr ähnlich und nur an der Form der Ohren zu unterscheiden. Im Gegensatz zu den Stehohren beim Papillon hat der Phaléne Hängeohren. Papillon bedeutet übrigens „Schmetterling“ – ein Hinweis auf die großen, abstehenden Ohren – und Phaléne „Nachtfalter“.

Der Zwergspaniel ist zwar klein, aber robust. Er braucht keine Gewaltmärsche, macht aber lange Wanderungen auch mit. Wer nicht ganz so viel unterwegs sein will, sollte das muntere Kerlchen zu Hause beschäftigen. Der Hund hat großen Spaß daran, kleine Kunststückchen zu lernen.

Der Zwergspaniel reagiert sehr empfindsam auf die Stimmung seines Besitzers. Zu seinen Menschen hat er ein ganz enges Verhältnis. Es wird ihm nachgesagt, dass er sensibel und einfühlsam und ein sehr guter Zuhörer ist. Er ist sehr verschmust und sucht den Körperkontakt. Groben Umgang vertragen Phalénes und Papillons nicht, dafür sind sie zu sensibel.

Besuche oder unbekannte Geräusche meldet der Zwergspaniel durch Kläffen an. Mit ein wenig Erziehung verhindert man, dass

Papillon

aus dem Hund ein Dauerkläffer wird. Die Lebenserwartung liegt bei zwölf bis fünfzehn Jahren.

Das Fell der Hunde ist lang und ohne Unterwolle, es sollte regelmäßig gebürstet werden. Diese Hunde neigen auch sehr zur Reinlichkeit.

Schulterhöhe: etwa 28 cm
Gewicht: 2 bis 4,5 kg
Fell und Farben: lang; zwei- oder dreifarbig, auf weißem Grund alle Farben erlaubt
Pflegeaufwand: mittel, regelmäßig kämmen

Pekingese

„Noblesse oblige“ heißt es bei dem Pekingesen. Der Palasthund aus dem alten China hat sich bis heute sein aristokratisches Benehmen bewahrt. Er ist nach eigener Einschätzung der Nabel der Welt und will immer Aufmerksamkeit. Viele seiner Wesensarten sind eher bei einer Katze zu suchen als bei einem Hund. Er ist genauso selbstständig, feinsinnig und egoistisch wie sie. Das geht mit einer gewissen Sturheit einher. Auch Eifersucht gehört zu seinen Wesensmerkmalen.

Pekingese

Das kleine Luxusgeschöpf pflegt seine Bequemlichkeit und Gewohnheiten. Ihm kleine Aufgaben beizubringen, fällt dem niedlichen Sturkopf im Traum nicht ein. Er liegt lieber in kuscheligen Kissen und lässt sich gern umsorgen. Das macht ihn zum idealen Gesellschafter für Senioren, die keine langen Strecken gehen wollen oder können. Pekingesen sind trotz ihres dicken Fells ziemlich kälteempfindlich. Bei Kälte und Regen ist es sogar sehr schwer, sie zum Gassigehen zu überreden.

Wie bei anderen kurznasigen Rassen besteht auch beim Pekingesen die Gefahr, dass dadurch häufig Atmungsprobleme auftreten. Daher sollte man bei der Auswahl des Hundes darauf achten, dass dieses Merkmal nicht extrem ausgebildet ist und somit mögliche Gesundheitsprobleme vermieden werden können.

Seinem Menschen ist der Pekingese treu ergeben und er ist sehr anhänglich. Bei Fremden – auch fremden Hunden gegenüber – ist er distanziert bis arrogant. Eine konsequente und gleichzeitig sanftmütige Erziehung ist bei diesem hochwohlgeborenen Geschöpf vonnöten. Grobheiten verzeiht er nicht. Er kann sehr nachtragend sein und stundenlang schmollen. Einen Pekingesen zu kommandieren ist zwecklos, er stellt seine Ohren auf Durchzug.

Bei so vielen Charakterfehlern muss es doch auch etwas geben, was diese kleinen Hunde dennoch so beliebt macht. Ein Pekingese ist bezaubernd, ein wunderhübscher kleiner Kerl, der mit seinem Herrchen oder Frauchen eine verschworene Gemeinschaft bildet. Der Pekingese ist ein Luxusgeschöpf, das gern repräsentiert. Er ist kein Kläffer, gibt aber Laut, wenn ihm etwas ungewöhnlich vorkommt. Sein Territorium verteidigt er mit Leidenschaft. Der Pekingese ist einfach ein Hund zum Verwöhnen.

Schulterhöhe: 15 bis 23 cm
Gewicht: höchstens 5 kg
Fell und Farben: lang und üppig; alle Farben erlaubt außer albino- und leberfarben
Pflegeaufwand: mittel, regelmäßig kämmen

Sheltie

Der Sheltie heißt offiziell eigentlich Shetland Sheepdog. Seinem attraktiven Äußeren wegen hat man sofort das Bild des berühmten TV-Hundes „Lassie“ vor Augen. Der Sheltie ist nämlich der „kleine Bruder“ des Collies: ein kleiner, langhaariger Hund von

Shetland Sheepdog

großer Schönheit. Doch sollte man seine Herkunft von den Shetland Inseln nicht vergessen, denn der Sheltie gehört zu den Hütehunden. Er hat einen sehr großen Aktionsradius, schließlich war er es ursprünglich gewohnt, den ganzen Tag bei der Schafherde zu arbeiten. Unter seinem wetterfesten Fell versteckt sich ein robuster und gesunder Hund.

Für den Besitzer bedeutet das lange Spaziergänge plus Hundesport. Der kleine Hund verfügt über eine erstaunlich große Sprungkraft. Der Sheltie will stundenlang rennen, toben und spielen und mit seinem Menschen arbeiten. Das ist es, was ihn glücklich macht.

Der Shetland Sheepdog ist ein gutmütiger und lernfreudiger Hund. Der Gesichtsausdruck ist freundlich und aufmerksam, so als wenn er fragen würde, ob er etwas für uns tun kann. Er ist zudem sehr anhänglich, temperamentvoll und wachsam – eben typische Hütehundmerkmale. Fremden gegenüber ist er reserviert und misstrauisch.

Das prachtvolle Fell bedarf keiner großen Pflege; es muss nur ab und zu gebürstet werden, während des Haarwechsels allerdings täglich. Der Shetland Sheepdog ist ein toller Hund für sehr aktive und unternehmungslustige Hundeführer.

Schulterhöhe: 35 bis 40 cm
Gewicht: 7 bis 12 kg
Fell und Farben: lang; zobelfarben, dreifarbig, blue merle
Pflegeaufwand: mittel, ab und zu bürsten

Shiba Inu

In aller Kürze lautet die Beschreibung eines Shiba Inu: stinkt nicht, bellt nicht, hört nicht. Seine Hauptmerkmale sind Schweigsamkeit, Eigenständigkeit und Zurückhaltung. Er gehört zur Gruppe der asiatischen Spitze und verwandte Rassen. Diese 6000 bis 8000 Jahre alte Jagdhundrasse aus Japan gehört zu den wenigen noch ursprünglichen Hunderassen. Der Shiba jagte früher im japanischen Gebirge selbstständig, also nicht in der Meute.

Dazu brauchte es einen dominanten und eigenständigen Hund mit einer hervorragenden Nase. Einen Shiba Inu sollte man beim Gassigehen nicht von der Leine lassen. Dazu ist sein Jagdinstinkt zu stark ausgeprägt. Somit ist der fuchsähnliche Hund wirklich

Shiba Inu

kein Anfängerhund. Eine konsequente und liebevolle Erziehung ist absolut nötig.

Der Shiba Inu verfügt auch heute noch über einen kräftigen Körper und eine robuste Konstitution. Das macht ihn für alle Wetterlagen unempfindlich. Für aktive Hundebesitzer ist er der ideale Begleiter; lange Wanderungen, Radtouren oder Hundesport liebt der schöne Hund. Shibas sollten geistig und körperlich gefördert und gefordert werden, sonst kann es passieren, dass sie sich aus Langeweile eigene Beschäftigungen suchen.

Bellen ist ihm nicht gänzlich fremd, aber der Shiba ist kein Kläffer, er begnügt sich meisten mit einem kurzen Warnlaut. Trotz seiner geringen Körpergröße steckt ein „großer" Wachhund in ihm. Er ist Fremden gegenüber sehr zurückhaltend, aber nicht aggressiv.

Der Shiba Inu ist ein sehr interessierter und stets neugieriger, lernbereiter Hund. Spiele und Übungen sollten ihn geistig fordern. Bei Unterforderung setzt sich ansonsten seine Eigenständigkeit durch. Im Mensch-Hund-Gespann hinterfragt der Shiba regelmäßig die Führungsrolle seines Menschen. Konsequenz und klares Handeln sind daher immer notwendig und dürfen nicht nachlassen.

Eine Besonderheit des Shiba Inu ist sein Fell. Die dichten, kurzen Haare verleihen ihm das Aussehen eines Plüschteddys. Sein Anblick ist wunderhübsch. Der Shiba pflegt eine fast katzenähnliche Sauberkeit. Auch regennass stinkt sein Fell nicht. Ein großer Vorteil für Allergiker ist, dass er nicht haart.

Schulterhöhe: 37 bis 40 cm
Gewicht: 8 bis 11 kg
Fell und Farben: dicht und kurz; rot, rot-sesam, schwarz-loh
Pflegeaufwand: wenig, haart nicht

Shih Tzu

Diese kleinen Hunde haben ihren Ursprung in Tibet. In tibetanischen Klöstern waren sie schon im 7. Jahrhundert als Wachhunde eingesetzt, weil sie ein unübertroffen gutes Gehör besitzen; es soll besser sein als bei vielen anderen Hunderassen. Der Name Shih Tzu bedeutet „Löwe“ und die erhabene Körperhaltung drückt auch das große Ego und Selbstbewusstsein aus. Überhaupt zeigt der kleine Löwe nicht nur von der Größe, sondern auch vom Charakter her sehr viel Ähnlichkeit mit einer Katze, was den Eigenwillen und die Unabhängigkeit betrifft. Beide Tierarten verstehen sich auch gut miteinander.

Der Shih Tzu ist ein freundlicher und verspielter kleiner Hund. Der fröhliche Geselle entwickelt eine starke Bindung zu seiner Familie. Fremden gegenüber benimmt er sich abwartend und distanziert; er ist ein sehr guter Wachhund. Mit seinem Supergehör nimmt er früher als andere Hunde Gefahren wahr. Das macht ihn zu einem hervorragenden Alarmsystem.

Shih Tzu

Aber auch ein Dickschädel und Ignoranz werden dem ehemaligen Tempelhund nachgesagt. Auf Tadel reagiert er oft mit Arroganz, daher ist es besser, ihm mit liebevoller Konsequenz zu begegnen. Entschlossenheit muss man dem Shih Tzu gegenüber zeigen, sonst kann er sich zu einem Diktator entwickeln. Falls er mal wieder den Gehorsam verweigern sollte, ist es am besten, ihn zu überlisten, indem man eine gekränkte Haltung einnimmt und schmollt. Das kann er am wenigsten vertragen, da er seine Menschen über alles liebt.

Er möchte gern mitten im Geschehen sein, aber seine individuelle Unabhängigkeit beibehalten. Liebesbeweise gehen dann von ihm aus, wenn es ihm gerade passt – ein Wesenszug, der auch wieder Ähnlichkeit mit Katzen aufweist.

Der Shih Tzu steckt voller Energie und sollte regelmäßig und ausreichend beschäftigt werden. Suchspiele, Hol- und Bringspiele beschäftigen seinen Körper und Geist gleichermaßen. Dafür braucht er keine langen Wanderungen oder Ausdaueraktivitäten. Kleine Pausen zwischendurch sind ihm auch recht – Hauptsache, er hat genug Abwechslung. Der Shih Tzu hat so gut wie keinen Jagdtrieb, aber er spielt für sein Leben gern. Bis ins hohe Alter bleibt er temperamentvoll und verspielt.

Schulterhöhe: 20 bis 27 cm
Gewicht: 4,5 bis 8 kg
Fell und Farben: lang; alle Farben erlaubt
Pflegeaufwand: hoch, regelmäßig kämmen und trimmen

Ebenso zu den tibetanischen Hunderassen, denen eine eigene Gruppe bei den Gesellschaftshunden zugeordnet wurde, gehört der **Tibet-Spaniel**. Mit höchstens 25 cm Schulterhöhe ist er der kleinste der tibetanischen Hunderassen. Tibet-Spaniel waren schon vor 2000 Jahren Begleiter der Mönche und dienten als Bettwärmer.

Ebenso stammt der **Lhasa Apso** mit dem dichten, üppigen Fell aus Tibet. Auch er wird nicht größer als 25 cm, gilt aber als ein selbstbewusster und auch etwas eigenwilliger Hund für Individualisten. Seinen Menschen gegenüber ist er äußerst anhänglich.

Ein größerer Vertreter mit etwa 40 cm Schulterhöhe ist die fälschlicherweise als **Tibet-Terrier** bezeichnete Rasse, die allerdings nicht mit Terriern verwandt ist und daher auch häufig nur Tibeter genannt wird. Diese Hunde sind eher für aktivere Menschen geeignet, die auch die erforderliche Fellpflege des dichten Fells nicht scheuen.

Schipperke

Der Schipperke ist die kleinste Schäferhundrasse und ein vorzüglicher Wachhund. Sein Name stammt aus dem Flämischen. „Schäperke“ bedeutete dort „kleiner Schäferhund“. Er hat einen ausgeprägten Beschützerinstinkt und will auf alles aufpassen, was seinem Menschen gehört. Ungewöhnliches meldet er sofort, er ist aber kein Kläffer. Einbrechern gegenüber verhält er sich allerdings wie ein schwarzer Teufel und veranstaltet einen Heidenspektakel.

Schipperkes wurden im Mittelalter vor allem auf Lastkähnen und Schiffen gehalten. Sie hielten die Schiffe frei von Ratten und Mäusen. Sie sind auch heute noch leidenschaftliche und schnelle Kleintierjäger. Das sollte man bei Spaziergängen nicht vergessen.

Schipperke

Der kleine Hund hat ein sehr freundliches und treues Wesen. Er ist von Natur aus neugierig und aufmerksam, dabei agil und voller Temperament. Sportlichkeit und eine robuste Gesundheit machen ihn zum idealen Partner für allerlei Hundesport. Seine Gelehrigkeit lässt seinen Besitzer auf Prüfungen immer gut aussehen.

Eine Besonderheit zeichnet den Schipperke aus: Er hat keinen ausgeprägten Eigengeruch. Auch bei Regen müffelt sein Fell nicht wie bei vielen anderen Hunden. Der Schipperke lässt sich sehr gut auch in kleinen Wohnungen halten. All das macht ihn zu einem pflegeleichten Wohnungsgenossen.

Der Schipperke ist ein kleiner Hund mit großem Charakter. Seinen Menschen gegenüber ist er sehr anhänglich, vor Fremden aber ausgesprochen misstrauisch und abweisend. Hier zeigt sich wieder der ausgeprägte Beschützerinstinkt.

Insgesamt ist der Schipperke ein unkomplizierter Hund, der leicht erzogen werden kann und dessen Fellpflege sehr einfach ist.

Schulterhöhe: 28 bis 33 cm
Gewicht: 3 bis 9 kg
Fell und Farben: dicht und mittellang; schwarz
Pflegeaufwand: mittel, regelmäßig bürsten

Toy Pudel

Der Toy Pudel ist die kleinste Variante des Pudels. Er ist der Eventmanager unter den Hunden, ein Clown, der gern Kunststückchen vorführt und sich riesig über Lob freut. Der kleine Hund ist ein sehr fröhlicher und lebhafter Geselle, ein richtiger Gute-Laune-Hund.

Die Erziehung eines Toy Pudels ist recht einfach, da er kein Interesse an Machtspielchen hat, auch anderen Hunden gegenüber nicht. Eher muss man den munteren Kleinen schon Mal zur Ruhe ermahnen, auch was das Bellen angeht. Der Toy ist eine kleine Alarmanlage. Das kann bei der Nachbarschaft im Haus auch zu Unmut führen.

Toy Pudel

Pudel sind absolut auf ihren Menschen bezogen und können in ihm lesen wie in einem Buch. Sie sind sensibel für Stimmungen und möchten nie enttäuschen. Der Toy Pudel will seine Menschen glücklich sehen und macht fast alles dafür, Frohsinn und Lachen zu verbreiten. Die meisten Pudel sind sehr agil und sportlich und brauchen Bewegung und Beschäftigung. Toy Pudel hegen eine besondere Vorliebe für Ballspiele und Apportieren.

Ohne Tätigkeit langweilen sie sich und können sehr kreativ werden, um sich die Zeit zu vertreiben – nicht unbedingt zum Gefallen ihrer Besitzer. Beschäftigen Sie den Toy Pudel daher mit Spielen oder, noch besser, lehren Sie ihn ein paar Kunststückchen. Er liebt es, vor Publikum aufzutreten und Applaus zu ernten. Lange Zeit war er als Zirkushund sehr beliebt. Er ist eben ein großartiger Alleinunterhalter.

So klein und niedlich der Toy auch ist, man sollte ihn nicht wie ein Kleinkind behandeln oder gar verhätscheln. Er braucht eine klare Struktur und konsequente Erziehung. Sonst kann er sehr launisch werden und schnell seinen Dickkopf durchsetzen. Einer harten Hand allerdings begegnet der Toy Pudel mit Totalverweigerung.

Seinen Menschen liebt der kleine Pudel über alles, fast schon besitzergreifend. Er kann auch eifersüchtig und launisch sein. Er ist am besten als Einzelhund zu halten. Konkurrenz um die Gunst seiner Besitzer verträgt er schlecht.

Der Pudel haart nicht, was ein großer Vorteil ist. Dafür sollte er aber mindestens einmal in der Woche gebürstet und regelmäßig getrimmt werden, damit das Fell nicht verfilzt.

Schulterhöhe: unter 28 cm
Gewicht: bis 6 kg
Fell und Farben: dicht und gekräuselt; schwarz, weiß, braun, silbergrau und apricot
Pflegeaufwand: mittel, regelmäßig bürsten und trimmen

West Highland White Terrier

Seinen Namen verdankt der kleine weiße Hund seiner Heimat, den schottischen Highlands. Dort wurde er für die Jagd gezüchtet. Seine Aufgabe war es, ohne Angst in Fuchs- und Dachsbauten einzufahren. Es erfordert großen Mut, sich mit Beutegreifern anzulegen, die durchweg größer sind als man selbst. Auch die Witterungsbedingungen seines Ursprungslandes haben zum Bild des „Westies", wie er liebevoll genannt wird, beigetragen. Er ist zäh und unempfindlich gegen Kälte und Regen. Sommerhitze verträgt er dagegen nicht gut.

Der typische Westie ist charmant, fröhlich, mutig, wachsam und sehr selbstbewusst. Mit Feingefühl und gleichbleibender Geduld ist er leicht zu erziehen. Eine Tendenz zum Kläffen ist vorhanden, der sollte man mit liebevoller Konsequenz entgegentreten. Der kleine Hund ist sehr freundlich und anpassungsfähig und somit

Westhighland White Terrier

sehr gut in kleinen Wohnungen zu halten. Er braucht aber ausreichende Bewegung. Typisch für die Rasse ist auch der ausgeprägte Schutzinstinkt. Der Westie ist ein sehr wachsamer Hüter seines Territoriums.

Sein enormer Spieltrieb muss mit Tricks oder Hundesport befriedigt werden. Mit einem sogenannten intelligenten Spielzeug wird auch sein Geist gefordert. Er liebt als ehemaliger Jagdhund das Apportieren.

Terrier bleibt Terrier, egal in welcher Verkleidung. Der West Highland White Terrier ist ein robuster und selbstsicherer Hund mit einem typischen Terrier-Dickkopf. Er muss wissen, wer sein Rudelführer ist, sonst nimmt er selbst die Zügel in die Hand. Auch bei Artgenossen kann es schon mal zu Rangauseinandersetzungen kommen, wichtig ist deshalb eine frühe und gute Sozialisierung.

Das weiße und wellige Haarkleid braucht eine regelmäßige Pflege, da das Deckhaar nicht von selbst abfällt. Es muss immer wieder gebürstet werden oder man zupft das abgestorbene Haar aus dem Fell. Regelmäßiges Trimmen ist auch wichtig. Im Sommer sollten die Haare kurz geschoren werden.

Schulterhöhe: 25 bis 30 cm
Gewicht: bis 10 kg
Fell und Farben: lang, wellig; weiß
Pflegeaufwand: hoch, regelmäßig bürsten und trimmen

Bevor der Westie bei uns populär wurde, war sein Bruder, der **Scottish Terrier**, viel häufiger zu sehen. Diese Rasse gibt es zwar in den Farben Schwarz und Weiß, die schwarzen Vertreter sind aber auf alle Fälle die Mehrzahl. Der Scottish Terrier ist mutig und wachsam, aber durchaus für die Haltung in einer Stadtwohnung geeignet, da er nicht allzu viel Auslauf benötigt.

Yorkshire Terrier

Der Yorkshire Terrier ist einer der beliebtesten Kleinhunde. Er ist ein quicklebendiger und spaßiger kleiner Kerl, der seinen Haushalt ganz schön auf Trab halten kann. Der Mini passt in jede kleine Wohnung und bringt den Vorteil mit, dass er keine Haare verliert. Dafür ist seine Fellpflege aber mit Aufwand verbunden. Dass die meisten Hunde eine Schleife auf dem Kopf tragen, hat den Zweck, die langen Stirnhaare aus dem Gesicht zu halten, um Augenentzündungen zu vermeiden.

Wer den „Yorkie", wie er gern genannt wird, mit einem Schoßhund vergleicht, tut ihm allerdings Unrecht. Er wurde im 19. Jahrhundert gezüchtet, um auf Ratten- und Mäusejagd zu gehen. Er war der sogenannte Jagdhund des kleinen Mannes. Der Yorkshire Terrier verfügt über Temperament und eine große Ausdauer, die ihn auch lange Wanderungen und Bergtouren mitmachen lässt. Aufgrund seiner geringen Größe lässt er sich prima im Auto oder auch im Flugzeug mitnehmen.

Der kleine Yorkshire Terrier ist ein mutiger „Riese". So jedenfalls ist sein Selbstbild. Das zeigt er mit frechem Auftreten auch schon mal größeren Artgenossen gegenüber. Sein Besitzer sollte dem größenwahnsinnigen Mini schon vorher klarmachen, wer das Sagen hat. Manchmal kann der Kleinterrier sehr stur sein. Diese

Yorkshire Terrier

Hunde sind Individuen. Der Yorkie ist besser als Einzelhund zu halten, da er viel Aufmerksamkeit und Zeit in Anspruch nimmt.

Spielen und Tollen im Garten oder unterwegs liebt er. Wenn er sich da verausgaben kann, ist er auch zu Hause ein ruhiger und ausgeglichener Gesellschafter. Der Zwergterrier besitzt ein lustiges, lebhaftes und anhängliches Wesen. Mit seinem drolligen Aussehen und Charme wickelt er jeden schnell um den kleinen Finger. Dennoch braucht auch er eine starke Hand gepaart mit liebevoller Zuwendung.

Schulterhöhe: 20 bis 24 cm
Gewicht: ideal um 3 kg
Fell und Farben: lang; dunkles Stahlblau mit goldener Farbe an Kopf, Beinen und Brust
Pflegeaufwand: hoch, jeden Tag kämmen

Zwergpinscher

Der Zwergpinscher ist klein, aber oho. Er gehört zur gleichen Rassegruppe wie sein großer Bruder, der Dobermann, mit dem er äußerlich viel Ähnlichkeit besitzt. Sein Wesen ist lebhaft, temperamentvoll, selbstsicher und ausgeglichen. Dennoch ist der Zwergpinscher, der manchmal auch Rehpinscher genannt wird, kein Anfängerhund. Bei ihm muss die Erziehung absolut konsequent sein, sonst wird aus dem Mini ein kläffender, aggressiver und nervtötender Hund.

Ursprünglich wurden Zwergpinscher zur Bewachung von Haus und Hof und zur Ratten- und Mäusejagd gezüchtet. Sie jagten und erlegten die Beute selbstständig. Auch heute interessieren sie sich noch für alles, was klein ist und sich schnell bewegt. Beim Gassigehen im Wald oder Feld sollte man sie besser nicht frei herumlaufen lassen. Zwergpinscher haben ein großes Selbstbewusstsein

Zwergpinscher

und viel Temperament. Daher brauchen sie auch viel sinnvolle Beschäftigung wie Tricktraining, Futtersuche, Apportierspiele usw. Bei Unterforderung können sie schnell zum Kläffer oder Jäger werden, den Garten umgraben oder sich in das Mobiliar verbeißen.

Zwergpinscher sind sehr territorial, sie verteidigen den Besitz ihres Menschen auch mit Zähnen, wenn sie es für angebracht halten. Besuchern gegenüber sind sie sehr misstrauisch und lassen sich nicht gern anfassen. Es ist die Aufgabe des Besitzers, seinem Hund klarzumachen, dass Besucher willkommen sind.

Der Zwergpinscher ist sehr anhänglich, sensibel und einfühlsam, er fügt sich sehr gut in sein Umfeld ein. Für ihn gibt es nichts Schöneres, als seinen Menschen nahe zu sein und mit ihnen zu kuscheln und zu schmusen. Bei vielen Zwergpinschern artet das in Verfolgungswahn aus, sie wollen einfach überall dabei sein. Hier muss sein Besitzer frühzeitig und konsequent Grenzen ziehen, sonst ist er nicht einmal auf dem Klo allein. Das Gleiche gilt auch für das Alleinsein, wenn Sie mal zum Einkaufen oder Treffen wegfahren wollen. Trainieren Sie frühzeitig, dass der kleine Hund während Ihrer Abwesenheit keinen Aufstand macht.

Wegen ihres glatten und dünnen Fells lieben diese Hunde Sonne und Wärme und hassen Regen und Kälte. Mit liebevoller Konsequenz sind sie auch bei Matschwetter zu einem Spaziergang bereit. Aber viele hüpfen dabei schon mal auf drei Beinen, was sehr lustig aussieht. So spritzt weniger Wasser an den kälteempfindlichen Bauch. Ein Mäntelchen sollte da Abhilfe schaffen.

Schulterhöhe: 25 bis 30 cm
Gewicht: 4 bis 6 kg
Fell und Farben: kurz und glatt; braun oder schwarz mit braunem Brand
Pflegeaufwand: wenig

Zwergschnauzer

Der Zwergschnauzer ist die Miniaturausgabe des Schnauzers mit einem kräftigen, eher gedrungenen kleinen Körper. Zusätzlich zu Temperament, Schnelligkeit und Wendigkeit eines Kleinhundes weist er auch viele Wesensmerkmale wie seine größeren Verwandten auf. Er ist ein aufmerksames und wachsames Kerlchen, das Fremden gegenüber zunächst misstrauisch und zurückhaltend auftritt. Sonst hat der Zwergschnauzer ein quirliges Wesen und einen Dickkopf. Eine konsequente Erziehung muss schon früh beginnen, sonst versucht er gern, eine Position als Rudelführer durchzusetzen.

Zwergschnauzer

Von seinem Ursprung her ist der Zwergschnauzer ein Rattenjäger und bringt einen unerschrockenen Charakter und Ausdauer mit. Er braucht viel

Bewegung und eignet sich gut als Apportier- und Suchhund. An Ballspielen hat er viel Freude und manch ein Zwergschnauzer findet Gefallen daran, auch kleine Kunststücke zu erlernen.

Der Schnauzer sollte einmal in der Woche gekämmt und regelmäßig getrimmt werden. Die wöchentliche Fellpflege ist wichtig, damit die abgestorbenen Haare entfernt werden. Auch der Bart muss immer wieder in Form gebracht werden, damit der Zwergschnauzer sein typisches Aussehen nicht verliert.

Schulterhöhe: 30 bis 35 cm
Gewicht: 4 bis 8 kg
Fell und Farben: drahtig und dichtes Haar; schwarz, pfeffersalz und schwarzsilber
Pflegeaufwand: wenig

Zwergspitz

Der Zwergspitz, auch Pomeranian genannt, ist einer der Kleinsten unter den Kleinhunden. Mit seinem dichten, langen Fell sieht er wie ein Spielzeug aus, das er aber nicht ist. Der Zwergspitz ist ein ausgesprochener Wachhund. Er hat eine starke Bindung zu seinem Besitzer und Heim und hütet dieses gewissenhaft. Das zeigt er auch lautstark mit Kläffen an. Dabei ist er kein Angstkläffer, sondern tritt sehr selbstbewusst und sicher auf.

Der Zwergspitz ist in erster Linie ein Haus- und Familienhund. Er ist sehr menschenbezogen und jederzeit für Schmusestunden zu haben. Er mag lange Spaziergänge, kann aber beim Joggen oder Radfahren nicht mithalten. Außerdem liebt er das Schwimmen. Der Jagdtrieb ist bei ihm nicht ausgeprägt. Er ist deutlich mehr der Haushund. Anhänglichkeit, Treue, Aufmerksamkeit gehören zu seinen charakteristischen Wesensmerkmalen. Der Zwergspitz ist sanftmütig und gelehrig, was besonders bei der Erziehung von

Zwergspitz

großem Vorteil ist. Bei der Haltung muss eigentlich nur darauf geachtet werden, dass ihm genug Auslauf verschafft wird. Er ist ein fröhlicher, ausgelassener kleiner Hund, der gern spielt.

Einen Zwergspitz sollte man nicht zu lange allein lassen. Er benötigt viel Zuneigung und Zeit mit seinem Besitzer, damit er keine schlechten Eigenschaften entwickelt.

Der kleine Hund trägt ein schönes, dichtes Haarkleid mit der langen Unterwolle und dem auffälligen, löwenartigen Kragen. Der Kopf erinnert an einen Fuchs, was ihm ein charakteristisches, keckes Aussehen verleiht. Trotz seines langen Haarkleids ist die Pflege nicht sehr aufwendig. Er schüttelt lose Haare schnell aus dem Fell.

Schulterhöhe: 18 bis 22 cm
Gewicht: 2 bis 3 kg
Fell und Farben: lang und dicht; alle Farben
Pflegeaufwand: mittel

WEITERE HUNDERASSEN

Neben diesen hier vorgestellten Hunderassen gibt es natürlich auch eine ganze Reihe anderer Rassen, die für ältere Menschen geeignet sind. Falls noch nicht der Richtige hier dabei war, schauen Sie einfach in ein entsprechendes Rasselexikon oder stöbern Sie mal im Internet. Und natürlich können auch die verschiedensten kleinen Mischlinge ganz bezaubernde und angenehme Begleiter sein.

Der letzte Hund

„Ich bin zu alt für einen Hund" oder „Das ist jetzt aber mein letzter Hund" sind häufig gesprochene Sätze vor allem von Menschen um die 70. Sich Gedanken um die Zukunft zu machen, war bereits Thema am Anfang des Buches. Hier wird die Frage nach dem „was passiert, wenn ..." von den meisten Hundebesitzern selbst aufgeworfen.

Es ist richtig und verantwortungsbewusst, sich im Vorfeld bereits zu überlegen, was mit dem Hund passiert, wenn man im Alter pflegebedürftig wird, ins Altenheim umziehen muss oder unerwartet verstirbt. „Wer kümmert sich dann um meinen Hund?" Es ist aber auf keinen Fall richtig, nur aufgrund des Alters gänzlich auf einen Hund zu verzichten.

Viele Menschen erreichen heute rüstig und munter ein höheres Alter als früher. Es liegt kein Sinn darin, die letzten Jahre in grauer Einsamkeit zu verbringen. Hier wird aus falsch verstandener Rücksichtnahme auf sehr viel Freude und Liebe verzichtet. Ein Hund lebt im Hier und Heute. Es kennt keine Gedanken an die Zukunft. Er wird seine Liebe und Aufmerksamkeit jeden Tag uneingeschränkt an Sie verschenken.

Die Gesellschaft eines Hundes bedeutet ein großes Stück Lebensqualität und auch Gesundheit. Es ist schon oft nachgewiesen worden, dass Hundebesitzer fitter und gesünder sind als Menschen ohne Hund.

Wollen Sie ernsthaft auf so viel Lebensfreude verzichten?

Allein schon einen Hund zu streicheln, wirkt beruhigend und ausgleichend. Und die Notwendigkeit, sich um den Hund zu kümmern, ihn zu versorgen und Bewegung zu verschaffen, lässt auch seinen Besitzer länger beweglich und agil bleiben.

Plötzlich krank

Dennoch kann es zu Situationen kommen, dass der Hund sich von Ihnen trennen muss. Es gibt dabei einen großen Unterschied, ob Sie den Hund vorübergehend in andere Hände geben müssen oder dauerhaft. Für die kurzzeitige Pflege im Krankheitsfall finden sich im Familien- und Freundeskreis oder der Nachbarschaft meistens recht schnell hilfsbereite Menschen. Im Idealfall kennt Ihr Hund diese bereits und freut sich vielleicht auf die Abwechslung.

Etwas komplizierter kann es sich gestalten, wenn Sie niemanden haben, dem Sie Ihren Hund anvertrauen können. Hier sollten Sie sich frühzeitig über Möglichkeiten informieren, die an Ihrem Wohnort angeboten werden, zum Beispiel die mittlerweile sehr verbreitete Nachbarschaftshilfe. Oder Sie bringen Ihren Hund in einer der vielen Hundepensionen unter, die es auch in Ihrer Nähe gibt. In den meisten Städten findet man seit einigen Jahren auch zahlreiche Dienstleister für Tierbetreuung, sogenannte Hundesitter und Gassigeher. Die Anschriften finden Sie als Inserat häufig in Anzeigenblättchen oder als Flyer beim Tierarzt.

Das Beste für den Hund ist natürlich, bei jemandem zu sein, den er bereits kennt und dem er vertraut. Bereiten Sie sich und Ihren vierbeinigen Liebling frühzeitig darauf vor, ihn in fremde Hände zu geben. Dann können Sie sich selbst und vor allem dem Hund viel Stress und Sorge ersparen. Ein Teil der Vorbereitung kann zum Beispiel der gemeinsame Spaziergang sein oder dass der Hund mal einen ganzen Tag mit seinem Hundesitter verbringt.

Hat man einen guten Platz gefunden, fällt der Abschied leichter.

Der Abschied für immer

Doch was passiert, wenn Sie sich endgültig von Ihrem geliebten Hund trennen müssen? Sie haben gesundheitlich nicht mehr die Möglichkeiten, sich um das Tier zu kümmern. Oder Sie kommen vielleicht in ein Altenheim, das keine Tierhaltung erlaubt. Was ich niemanden wünsche, aber dennoch sehr schnell passieren kann, ist, Sie versterben ganz plötzlich. Für diesen Ernstfall sollte jeder verantwortungsvolle Hundebesitzer Vorkehrungen treffen.

Die ersten Ansprechpartner sind meistens in der Familie oder im Freundeskreis anzutreffen. Finden sich hier hundefreundliche Menschen, vereinbaren Sie mit ihnen, wer den Hund im Notfall übernimmt oder alternativ für seine Vermittlung an einen neuen Besitzer sorgt. Die Praxis zeigt, dass es für kleine Hunde leichter ist, ein neues Zuhause zu finden, als für große. Es gibt auch etliche Züchter, die Hunde aus ihrer Zucht lieber zurücknehmen, als sie einfach an Dritte weitergeben zu lassen. Hier kann man schon beim Kauf eines Hundes mit dem Züchter vertraglich eine Vorsorge treffen.

Auch ein Gespräch mit örtlichen Tierschutzvereinen kann Ihnen Beruhigung und Sicherheit geben, dass Ihr Hund im Notfall gut untergebracht wird. Treffen Sie mit ihnen eine Vereinbarung und geben Sie die Kontaktdaten des Vereins auch an Ihre Angehörigen oder Freunde und Nachbarn weiter, damit in der Notsituation sofort reagiert und der Hund abgeholt werden kann.

Auch Hunde trauern ...

... aber weniger als wir Menschen.
Natürlich wird der Hund Sie vermissen. Aber Sie sollten sich nicht zu viele trübe Gedanken machen. Meistens leiden die Menschen unter einer Trennung viel mehr als Hunde. Ein Hund ist ein Rudeltier. Trifft er es in seiner neuen Umgebung gut an, wird er sich auch schnell an

eine andere Bezugsperson gewöhnen – und das umso leichter, wenn er durch eine gute Erziehung anderen Menschen gegenüber aufgeschlossen ist.

Allerdings wäre es sehr traurig, wenn es der Hund in seiner neuen Situation deutlich schlechter hätte als bei Ihnen, wenn die neuen Besitzer ihn lieblos behandeln würden oder der Hund in ein Tierheim käme und vielleicht eine Odyssee an neuen Besitzern durchlaufen müsste. Das kann man nur mit der entsprechenden Vorsorge verhindern. Haben Sie alles vorbereitet, was nötig ist, können Sie und Ihr Hund jeden Tag, den sie zusammen sind, einfach nur genießen.

Auch Hunde können trauern.

Was bleibt, wenn der Hund geht?

Es geschieht ganz plötzlich und unerwartet, mitten im Spiel oder Spaziergang. Eine kleine Unachtsamkeit und der Hund läuft vor ein Auto und wird tödlich verletzt. Oder er ist schon sehr alt und krank und liegt beim Tierarzt auf dem Behandlungstisch, um von seinen Leiden erlöst zu werden. In den meisten Fällen sterben Hunde rasch und schmerzlos und dem Besitzer bleibt kaum Zeit zu verstehen, was geschehen ist. Obwohl wir wissen, dass der Hund weniger Lebensjahre als wir zur Verfügung hat und wir ihn aller Voraussicht nach überleben werden, trifft einen der Verlust seines vierbeinigen Partners doch sehr hart.

Der Tod ist eine Realität, die nun einmal zum Leben gehört. Dennoch reagieren Menschen häufig auf den Tod des Hundes mit Verweigerung. „Nie wieder einen Hund!“ oder „Das tue ich mir nicht mehr an!“

Trauer um den verlorenen Freund

Der Tod seines Hundes ist ein schmerzhaftes Erlebnis im Leben. Jetzt ist es so wichtig, die eigene Trauer zuzulassen. Weinen Sie um das Tier, es ist bestimmt jede Träne wert gewesen. Sie müssen sich keinesfalls dafür schämen. Im Gegenteil: Geben Sie sich Zeit für die Trauer. Schließlich muss dieser Verlust erst einmal verarbeitet werden. Am traurigsten ist noch der Tod eines Welpen gefolgt von jungen Hunden. Wir sind traurig, weil sie noch ihr ganzes Leben vor sich hatten. Aber auch der Verlust des alten, treuen Gefährten, der viele Jahre mit uns gelebt hat, trifft mitten ins Herz. Das lässt sich am besten bewältigen, wenn Sie Ihren Gefühlen freien Lauf lassen. Nehmen Sie sich alle Zeit, die Sie brauchen, und lassen Sie sich auch nicht von anderen Menschen unter Druck setzen.

Ein Platz für die Erinnerung.

Aber auch Zorn, Depression oder Schuldgefühle sind natürliche Reaktionen auf den Tod des Vierbeiners. Sie gehen einher mit der Ohnmacht, den Verlust nicht ungeschehen machen zu können, keine Kontrolle darüber zu haben. Schnell wird dann nach Schuldigen gesucht und in den Unfallverursachern, Tierärzten oder Züchtern gefunden.

Jeder, der sich um das Leben und die Gesundheit von Hunden bemüht, wird bei aller

Sorgfalt auch bisweilen mit dem Tod konfrontiert. Verantwortlich dafür sind Sie in den allerwenigsten Fällen. Das sollte man in seiner Wut über den Verlust besser nicht vergessen.

Aber auch Schuldgefühle können einen Besitzer plagen, wenn er das Gefühl hat, für das Tier eine größere Trauer zu empfinden als für einen Verwandten. Auch das ist verständlich, weil es vom Grad der Nähe abhängt. Für ein Haustier, das ständig da ist und dessen Beziehung zu einem immer positiv war, ist die Trauer sehr wahrscheinlich größer als um einen Verwandten, zu dem man vielleicht wenig Kontakt hatte.

Nach dem Tod kommt der Abschied

Früher oder später kommt der Zeitpunkt, an dem man sich von seinem geliebten Haustier verabschieden muss. Das ist stets ein schwerer Verlust, der mit einer immensen Trauer um das Tier einhergeht. „Jetzt übertreibst du aber, es war doch nur ein Hund!" Für Außenstehende erscheint die Trauer manchmal unverhältnismäßig, für Sie selbst ist es dagegen ein natürlicher Prozess. Schämen Sie sich nicht Ihrer Tränen und Sehnsucht. Sie sind der Ausdruck der Trauer und Dankbarkeit für die vielen gemeinsamen Jahre. Indem Sie Ihren Gefühlen freien Lauf lassen, setzt irgendwann ein Heilungsprozess ein. Es tut dann nicht mehr so weh, an den Hund zu denken.

Nach dem Tod ist es für viele Besitzer unmöglich, seinen Hund beim Tierarzt zu lassen. „Der Hund kann hier bleiben" bedeutet nichts anderes als die Tierkörperbeseitigung, die Verwertung der Leiche als Rohstoff, seine Aufbereitung als Tiermehl, Industriefett oder anderes. Die Vorstellung, dass der geliebte Freund in die Tierverwertung kommt, ist für die meisten unvorstellbar. Viele Jahre wurde der Hund als Familienmitglied angesehen. Diese Art der Bestattung hat er bestimmt nicht verdient.

Wenn Sie die Möglichkeit haben und alle grundsätzlichen Regeln einhalten, bestatten Sie Ihren Vierbeiner einfach in Ihrem

In vielen Städten gehören Tiergräber schon zum gewohnten Bild auf dem Friedhof.

Garten. Ein Gartengrab ist erlaubt, solange es mindestens 50 Zentimeter tief ist und nicht im Wasserschutzgebiet oder zu nah an der Straße liegt. So haben Sie direkt in Ihrer Nähe einen Ort, an dem Sie um Ihren besten Freund nach dem Tod richtig trauern können.

Für alle anderen Hundebesitzer, die keinen eigenen Garten haben, gibt es Alternativen. Tierbestatter bieten zwei Möglichkeiten an: Die Bestatter betreiben einen Tierfriedhof und beerdigen die Vierbeiner in Gräbern oder sie arbeiten mit einem Tierkrematorium zusammen, in der das Tier eingeäschert wird. Der Tierhalter bekommt dann die Asche in einer Urne zurück. Die Urne dürfen Tierfreunde mit nach Hause nehmen und dort aufstellen oder vergraben. Auch auf Friedhöfen gibt es heute einige Plätze für Tiergräber. Das allerdings ist eine recht kostspielige Angelegenheit.

Jede Form des Abschieds hilft über die Trauer und die Leere hinweg, die Sie nach dem Tod Ihres Hundes verspüren. Trauer ist ein sehr persönlicher Prozess, aber man sollte ihn dennoch nicht allein durchstehen. Es hilft Ihnen bestimmt, wenn Sie sich Ihren Kummer von der Seele reden bei verständnisvollen Freunden oder bei Hundeliebhabern aus einem Tierschutzverein oder vom Tierfriedhof. Tierfriedhöfe sind nicht nur Gedenkstätten für die Verstorbenen, sondern auch Orte der Begegnung und des Austausches mit anderen Betroffenen. Geteiltes Leid ist halbes Leid.

Gefahren der Vereinsamung, Rückzug, mangelnde Bewegung

Der eigene Hund stirbt – und plötzlich ist nichts mehr, wie es war. „Wie soll ich jetzt ohne meinen Hund weiterleben?" fragt sich mancher Hundebesitzer nach dem Verlust seines vierbeinigen Gefährten. Mit der Trauer fallen nicht wenige Menschen in eine tiefe Depression. Mit dem Tod des Vierbeiners verschwindet oft genug auch die letzte Bezugsperson aus dem Leben der Besitzer. Sie ziehen sich zurück. Man sieht sie nicht mehr beim Spazierengehen im Park und auf der Straße. Sie werden gleichgültig, nichts interessiert sie mehr. Alles, was für die Gemeinschaft mit einem Hund gesprochen hat – Gesellschaft, Kommunikation, Bewegung, Struktur des Tagesablaufs, Liebe erhalten und geben – ist verschwunden.

Viele Menschen quälen der Verlust und die Einsamkeit noch lange Zeit nach dem Tod des geliebten Tieres. Kein freudiges Bellen schallt mehr entgegen, wenn die Haustür aufgeht, keine feuchte Hundeschnauze drückt sich mehr auf die Knie und keine braunen Hundeaugen betteln um ein Leckerli. Und beim Anblick der leeren Futterschüssel bricht man in Tränen aus. Auch die körperlichen Gebrechen sind plötzlich deutlicher zu spüren. Der Mensch wird anfälliger für Krankheiten, denn mit der Seele leidet auch der Körper mit.

Für einen alleinstehenden Menschen bleibt nur die graue Einsamkeit. Es wäre jetzt einfach zu sagen: „Dann schaff dir doch einen neuen Hund an." Das klingt im ersten Moment herzlos und brutal. Der verstorbene Freund war schließlich einmalig. Kein anderer Hund kann ihn ersetzen. Das soll er ja auch gar nicht. Dennoch ist dieser Rat nicht verkehrt. Die Lücke, die ein verstorbener Hund hinterlässt, kann auf Dauer nur wieder durch ein anderes Tier geschlossen werden.

Es ist wichtig, eine gewisse Trauerzeit verstreichen zu lassen, bevor Sie einen neuen Hund kaufen. Trauernde Hundehalter projizieren allzu leicht die Charaktereigenschaften und Vorzüge des alten Hundes auf einen neuen und übersehen dabei, dass jedes Tier ein Individuum ist mit ganz persönlichen Eigenschaften. Das kann nicht übertragen werden. Jede Beziehung muss sich erst neu entwickeln.

Egal ob sofort oder später, gönnen Sie sich das Glück und die Lebensfreude mit einem anderen Vierbeiner. Sie haben viel Liebe und Geborgenheit zu vergeben und ein neues Tier wird es dankbar annehmen!

Eine neue Chance für die Hunde-Liebe.

Anhang

Literatur

Baumann, Doris: Hunde – 112 Rassen und ihre Haltung. Ulmer Verlag, 1998.
Eckenbach-Arndt, Manuela und Neika, Daniela: Erste Hilfe am Hund. Cadmos Verlag, 2001.
Eckenbach-Arndt, Manuela (Co-Autorin): Der Rettungshund. RH-Verlag, 2000.
Gäng, Marianne, Turner, Dennis C. und Haering, Hans P.: Mit Tieren leben im Alter. Reinhardt Verlag, 2005.
Kahlisch, Anne: Tiergestützte Therapie in Senioren- und Pflegeheimen. Kynos Verlag, 2010.
Lehari, Gabriele: 400 Hunderassen von A-Z. Ulmer Verlag, 2013.
Menges, Christine: Jung bleiben mit Hund. Ulmer Verlag, 2010.
Millan, Cesar: Welcher Hund passt zu uns. Goldmann Arkana, 2009.
Poetting, Beate und Winkler, Sabine: Endlich Zeit für einen Hund. Kosmos Verlag, 2009.

Zum Weiterlesen

Baumgart, Liesel und Hand, Marlies: Bach-Blüten für Tiere. Oertel+Spörer, 2014.
Ferber, Renate: Hundeleckerli selbst backen. Oertel+Spörer, 2011.
Gelhaus, Nadine: Futterfibel. Hunde gesund ernähren. Oertel+Spörer, 2013.
Göbel, Michaela: Taube Hunde. Umgang – Erziehung – Ausbildung. Oertel+Spörer, 2013.
Hand, Marlies und Baumgart, Liesel: Schüßler-Salze für Hunde. Oertel+Spörer, 2009.
Hartmann, Michael: Patient Hund. 2. Auflage, Oertel+Spörer, 2010.

Jansen, Karin: Rassespezifisches Territorialverhalten – Richtiges Verständnis und Erziehung. Oertel+Spörer, 2013.
Keulert, David: Kleine Hunde richtig erziehen. Oertel+Spörer, 2013.
Kien, Sandy: Mit Russell Terriern leben. Oertel+Spörer, 2012.
Knötzele, Peter: Der Hund ist des Thrones wert. Oertel+Spörer, 2013.
Koller, Raphaela: BARF-Rezepte. 2. Auflage, Oertel+Spörer, Reutlingen 2013.
Müller, Anja Carmen und Lehari, Gabriele: Der Therapiehund. 2. Auflage, Oertel+Spörer Reutlingen, 2013.
Pawletko, Petra: Heilpflanzen für Tiere. Oertel+Spörer, 2013.
Rauth-Widmann, Brigitte: Welpen – Mit dem Hund durchs erste Jahr. Oertel+Spörer, 2010.
Reichenbach, Uta: Wie Hunde kommunizieren. Oertel+Spörer, 2011.
Reichenbach, Uta und Lehari, Gabriele: Der zuverlässige Begleithund. Von der Welpenerziehung bis zur Begleithundprüfung. 2. Auflage, Oertel+Spörer, Reutlingen, 2013.
Reisert, Christiane: Wo drückt die Pfote? Oertel+Spörer, 2011.
Ruhsam, Kerstin: Aromatherapie für Hunde. Oertel+Spörer, 2014.
Schuhmeir, Wieland: Problem Hund? Verhaltensprobleme erkennen – lösen – vorbeugen. Oertel+Spörer, 2011.
Sinner, Tanja und Lehari, Gabriele: Obedience. Gehorsam in Perfektion. Oertel+Spörer, 2010.
Tschischke Cornelia: Homöopathie für eine gesunde Hundeseele. Oertel+Spörer, 2013.
Verna, Vinod: Ayurveda für Hunde. Oertel+Spörer, 2013.
Werner, Tina: Wellness für Hunde. Massage und Physiotherapie für jeden Tag. Oertel+Spörer, 2010.

Register

J

K

L

M

N

O

P

R

S

T